すぐそこにいる宇宙人

Koizumi Misako
小泉美佐子

たま出版

すぐそこにいる宇宙人——

〔目次〕

第一章　初期の体験 …… 10

第二章　Ｎｉｆｔｙ　Ｓｅｒｖｅでの体験と地球のシフトアップの情報……50

第五章　シフトが完了した地球

第一章　初期の体験

ＵＦＯや宇宙人や神様……私は幼い頃から様々な形で彼らと関わってきた。どのように関わってきたのか、私の人生の変遷を交えて具体的に書き留めて行きたいと思う。最初は、何がなんだか分からないうちに、色々な体験をしたが、彼らについて前向きに考え始め、積極的に追求するようになってからは、様々な情報を受け取るようになった。そこで、今回Nifty ServeのＵＦＯ会議室と、その後に自分のホームページに書き込んだことを、このような形にして発表することにしたわけである。

初めてのＵＦＯ目撃

それは、まだ私が小学2年生の頃のことである。11月の半ばのある日、夜の8時頃だったと思う。昼間、仕事をしている母は、夜に洗濯をしていた。あるとき、その母がベランダから私を呼ぶ声がした。「ちょっと、ちょっと！　早く！　来てごらん！」とすごく驚いたような慌てた声だった。何事かと思い、ベランダへ出ると、南の遠くの方に強いオレンジ色の光があった。

それが、まっすぐ我が家の方へ飛んで来ている。ほとんど真正面だ。点滅も音もなく、比較的ゆっくりと動いていた。また、そんなに高いところを飛んでいるようでもなかった。「点滅も音も無いから、飛行機やヘリコプターじゃないね」などと話しながら、その光を見ていた。

「ちょうど、家の真上を通りそうだから、通るとき正体が分かるよ」という結論に達し、そのときを待っていた。そのとき私たちは5階建ての公団住宅の最上階に住んでいたので、正体が何なのか分かるのではないかという期待を持っていた。

そして、〝だいぶ近づいてきた、もうすぐだ……〟というところまで来たときのことだ。その光が急に止まり、突然横回りにクルッと回転した。一部始終をあっけにとられて見ていた。私は幼かったせいか、そこまで分からなかったけれど、母が「丸い窓みたいなものが見えた。人影があったみたいだけど……」と首を傾げながら言っていたのを覚えている。

その後、その光は、ゆっくりと元来た道筋を帰って行った。点滅も音もなく……。私は、ずっとその光が消えて見えなくなるまで、その光を見送っていた。

後日、近所に住むクラスの男の子にその話をしたら、なんと偶然に彼も家族と見ていたのだった。「この前、夜、オレンジ色の光が飛んできてさあ……」と話しかけたくらいのところで、すぐに「あ、あれ。○日くらい前だったよね」と言い出したのだ。顔つきが神妙だったっけ。他にも見た人がいたかもしれないな……。

私は、まだ7歳という幼い年齢のときに、かなり近距離でＵＦＯを見たせいか、「ＵＦＯは存在するのか?」という問いを自分に向けたことが無い。全く自然に当たり前のようにＵＦＯは存在するものだと思って年を経ていった。恐らく、私は幼い頃にこうした体験をしていなかったら、なかなかＵＦＯを肯定的に見ることは出来なかったのではないかと思う。また興味を持つことも無かったかもしれない。

富士山の方角に浮かぶ母船

このＵＦＯを見たのは、確か、中学1年生のときだったと思う。当時の我が家からは遠くに富士山が見えた。南の窓を開けると、ほとんど無意識のうちに富士山に視線を向けていたものだった。

ある日の夜、暗くて形は見えないけれど、いつものように無意識に富士山に目を向けると、白い光が停空したまま、ずっと動かないでいた。なんだろうと思い、25倍の双眼鏡で見てみたら、なんと葉巻の形をした、いわゆる葉巻型母船と言われるものが見えた。丸い窓が横に並んでいくつかあるのも、ハッキリ見えた。

キャーキャー騒ぎながら見ていると、今度は、四方八方から小さな白い光が7、8個、その母船に向かって飛んで来た。しかし、家の者に「見せて見せて」と双眼鏡を取り上げられてしまい、母船に入るところは見逃してしまった。いま思うと、ちょっと残念だ。しかし、こういう珍しいものでも長い間見ていると飽きるもので、そのうち私は自分の部屋へ戻って行ってしまった。

その後、何度か窓のところに来て見てみたが、ずっと浮かんでいた。2、3時間くらいだったと思う。いなくなった後、私は不思議なおももちでしばらく暗がりを見つめ続けていた。

このとき、噂に聞いたことのある、葉巻型母船というものを、双眼鏡を通して、自分の目でハッキリと見てしまった。しかも、四方八方から小さな白い光が集まってきていたのである。また「窓」を見たことは、強烈な印象として残った。人間と同じ、意思を持った未知の存在を、この光景から感じた。

六角形のUFO

次に、高校1年生のときにこのUFOを見た。家の近くには広い草原があって、その横に5階建ての公団住宅があった。

私は友人にレコードを返しに行こうとして、草原の横の道を通っていた。草原が視界に入り始めた頃には、その存在に気がついていたが、遠目だったので「誰かが凧を揚げているのかな？」と最初は思った。でも、「夏だし変だな」と思って近づくと、黒い六角形をしたUFOだった。5階の少し上で建物の2～3m前に浮かんでいた。厚さはだいたい5～6cmくらいで、直径は20～30cmくらい。底面の中心あたりからは緩いS字形のひもが垂れ下がっていた。小型のUFOは、偵察用円盤と言われているので、これはアンテナだったのかもしれない。S字形というのは蛇行の形、波の形をしているけれども、なんとなくエネルギーの通りやすい形のような感じがする。

それにしても、このUFOの真下では、2人の主婦が立ち話をしていたのだが、その2人は気がついていたのだろうか。あと、建物の裏にいた幼稚園児くらいの男の子が少し年上の周りの子供たちに「UFOだよお〜！」と泣き叫んで訴えているのに、どの子も無視して自分の遊びを黙々と続けていた。口に出してはいけない雰囲気があったのだろうか。小さい子の言うことだから誰も相手にしなかったのかもしれないけれど。草原でもたくさんの子供たちが遊んでいたのに、誰も騒いでいなかった。

それから、私は友人の家にレコードを返しに行って、草原にすぐに引き返したのだけど、そのときにはもうUFOはいなくなっていた。

3度目の目撃になると、形状がはっきりと分かるという内容に及んできていた。今思うと、体験を重ねるごとに、UFOが私により近づいてきて、より身近で実体的な存在になっていったのだなと思う。

この頃、或る雑誌を通じて読者の一人から、アダムスキーの『宇宙からの訪問者』（ユニバース出版社）を買った。面白くて一気に読んでしまった。日本GAP発行の『GAPニューズレター』（現在は誌名が変更されて『CONTACTEE』になっている）も、この頃すでに読んでいたし、アダムスキーの体験記にはなんの違和感も持たなかった。そうして今度は、テレパシーのような体験をすることになる。

太陽と話したこと

私は、アダムスキーの本や『GAPニューズレター』を読んでいるうちに「太陽には、この太陽系で最も進化した人間がいる」というアダムスキーの言葉を知った。まだ10代だった私は、単純に「ふう〜ん、太陽には高度な人間がいるんだ」と、太陽に関心を持つようになった。

　それからは、朝起きて部屋のカーテンをシャーッと勢いよく開けて、真っ先に太陽を仰ぎ見ては「太陽さん、おはよう！」と心の中で挨拶をしていた。それが1ケ月くらい続いたある日のことだった。

　その日は日曜日で、いつもより遅く起きた。11時頃だったと思う。カーテンをシャーッと開けて見上げた太陽は、いつもより高いところにあった。そして私は、いつものように、「太陽さん、おはよう！」と心の中で声をかけた。

　すると、「今日は、お寝坊さんだね！」という返事が返ってきた。もう、すっごくびっくりした。いつも私が話しかけているのを知っていたということも。明るく暖かく人懐こそうな女性の声だったので、嫌な感じはしなかったけど、ちょっと受け入れ難い現実というか、どう受け止めていいのか分からないという気持ちだった。それは、こういう世界に入っていったら、いったいどうなってしまうのかというぬぐいきれない不安などがあったように思う。

　それで、もう太陽に話しかけるのはやめてしまった。その後、2、3度話しかけてみたことがあるけれど返事はなかった。返事は無かったけど、こちらのことは分かっているのだろうなと思っていた。

　それからだいぶ経ってから、また太陽とは色々なことがあった。その頃には、もう太陽を怖がることも無かった。すでにもっと色々な体験をしてしまっていたからである。

ヒューマノイドとの出会い

その年、私は大学受験に失敗し、春から浪人生活を始めた。そしてその日は、高田馬場の予備校から地元の駅に戻ったとき、靴を買おうかと考えていた。何日か前からそう思っていて、この日駅に着いたときに、ふと思い立った。

この頃、私は宇宙人に色々なことを聞けるものなら聞いてみたいと思っていた。内容は忘れてしまったけど、特にあることについて聞いてみたいと心の中で切望して、1週間くらい経った日のことだった。

少し雨の降る4月上旬のお昼頃のことだ。今でも時々、外を眺めながら駅の階段をゆっくりと降りていたことを思い出す。これから何が起こるのかも知らず、浪人生活が始まってたくさんの時間があるようで、ゆったりとした気持ちだった。そして、駅からほんの5分くらい歩いたところにある靴屋に行った。店先から少し入ったところで色々な靴を見ていた。

そのとき、店のまん前で明るいグレーのスーツを着た20代後半くらいの男の人が、傘をさしながら私を見ていたのに気がついた。その人を一目見たとき、私は「あっ宇宙人だ！」となぜか思ってしまった。その人は私を凝視していて、食い入るように見ているといってもいいくらいだった。何かを強く訴えようとしているかのようだったが、何も言わずに黙っていた。

なんでも、アダムスキー関連の書物によると、干渉になるので宇宙人の方から直接地球人に介入してはいけないという宇宙の法則があるのだという。私はこのとき、それを知っていたけれども、とても自分から話しかけることはできなかった。そこで、宇宙人は心の中で思ったことについて、態度などで返答をするということも読んでいたので「あなたが宇宙人なら右に動いて下さい」と思ってみた。すると、彼は私から見て右に動いたのだけど、下を向いてしまい、明らかに嫌そうにしていた。私は「あっ疑ったから嫌がってる！」と気がついた。けれどもいったいどうしたらいいのか分からなくなってしまった。

そのとき、お店の女の人が私とその人を見ていたことに気づき、「見つめ合っていたら、変に思われそうだ」と思い、また靴を選び始めるフリをしてしまった。少ししてからまた彼の方を見たら、もういなくなっていた。慌てて外に出て道の左右を見渡したけど、もうどこにもいなかった。

端正な綺麗な顔をしていて、銀縁のメガネが似合っていた。明るいグレーのスーツもすがすがしかった。でも、最も印象に残っているのは、物凄く思いを込めて私を見ていたことだ。この日を境に、宇宙人ではないかと思える人たちが私の前に現れるようになった。

2度目のコンタクト

2度目のコンタクトは、最初のコンタクトから1ケ月ほど経った頃だったかと思う。

そのとき、私は駅のホームで、ぼんやりと電車を待っていた。駅のホームの階段の下にある、プラスチックのベンチに座っていた。左右に1人ずつ、5、6m離れたところに中年の男性が立っているくらいの、人のまばらな状況だった。

線路の向こう側には金網があって、その向こうには改札へ入るために上がる階段があった。その階段の向こう側からスッと1人の大学生風の女の子が、金網のすぐそばまで来て、なんのためらいもなく私の真正面に立った。白い無地のトレーナーにGパンをはいていて、ストレートの髪を胸までたらし、茶色いサングラスをしていた。そして彼女は私のことを見ながらニコニコして手を振り出した。もう、当たり前のように、私のことを「知っている」という顔をしていた。

私は、「人違いをしているな」と思い、彼女からスッと視線をそらした。すると、「あーん、こっちを向いて」という感じにピョンピョン飛び跳ね出したので、私は「えぇっ⁈」と思い、彼女をまた見てしまった。左右の男性も一部始終を見ていて、「?」と思っていたようだった。私はこの時点で、やっと彼女が宇宙人だということに気がついた。

彼女はまだニコニコしていたけど、私は彼女が宇宙人だと気がついた途端、色々なことが頭の中を駆け巡り、どうでもいいことを考え始めてしまった。すると、彼女は急に無表情になり、パッと金網から離れて階段の向こう側へ行ってしまった。初めて会ったときの宇宙人のように、彼女もなぜか声を発することなく、意志表示をしていた。

あっという間に終わったコンタクトだったけれど、私はますます宇宙人のことが気になり始めた。また来た、となると「なんだったんだろう」と思わずにはいられなくなる。でも、これが何年も何年も続いていくことになるとは、まだ微塵も思っていなかった。

空中に浮かぶ白い光

当時浪人生活をしていた私は、勉強をしなければならないと焦っているのに、自分の精神的な問題で頭がいっぱいになっていた。そのとき、私は考え事をしながら、窓越しに夜空を見ていた。当時、すごく悩んでいることがあって、非常に気になっていた。煮詰まっていて、どうしたらいいか分からなくなっていて、考えることにも疲れていた。

そんなときに、夜空を見ながら心の中で「不幸だなあ……」とふと思ったときに、突然、目の前に白い光が出現した。ほんの数メートル先の空間で、20～30cmほどの大きさだった。気がつくと同時に少しずつ小さくなっていった。「消えないで！」と思ったのだけど、だんだん小さくなって消えてしまった。

そして、また数ケ月経ったある日の夜にも同じことを思ったときに、同じことが起こった。そのときは、ベランダに出て夜空を見ていた。公団の5階に住んでいたのだが、左下の数十m先のところに現れて、また気がつくと同時に、ゆっくりと小さくなって消えてしまった。

この小さくなって消えていくという行動をＵＦＯが取ったことに、何か意味があったのかもしれない。あまり考えすぎるなとか悩みすぎるなとかいう意味だったのかもしれない。このときのＵＦＯは、地上に近かったので、誰か見ていなかったかと思い、辺りを見まわしたがそれらしい人はいなかった。

この悩んでいることについて、1度目に見たUFOよりさかのぼって1年くらい前に、UFOに聞いてみようとしたことがある。自分の人生において、どちらの道に行くべきか……示してくれないかと思ったのである。

私は4、5歳の頃から、自分を潰《つぶ》そうという衝動が物凄く強くあって、長ずるにつれてそれがどんどん強くなるので困っていた。潰さないでいれば、楽しく人生を過ごせるだろう。でも、死ぬときにそれをやり終えないでいたことをひどく後悔するような気がして仕方が無かった。そしてそれはとても恐ろしいことのように感じていた。

なぜ、そんな衝動があったのか考えてみると、親との関係が悪かったことか、前世でしたことに対する罪悪感のどちらか、または両方が原因となっているのではないかと思うのである。小学校に上がるまでに、私は何度も何度も同じ夢を見ていたのだが、それは自分の前世のことだったのだと思っている。夢に出てくる20代前半の女性の顔は、私の顔だったからということと、夢の内容が、今《こん》生《じょう》での私の人生の一生のテーマになっているからである。

つまり、何十年経っても越えられない壁のようなものなのである。他にも登場人物がいた。そしてその人の顔は……。私はその人と今生で出会っているけれども、前世のような過ちというか失敗というか心残りを繰り返さないような関係として出会っている。恐らくお互いが前世を終えるときに、そのような願いを持っていたのだろうと思う。

西洋占星術上では、その人と私の月はぴったり90度の位置にある。月は感情。90度は緊張を表すけれど、喧嘩ばかりしてきた。今はあまり会うことはないけれど。そう言えば月は前世も表すのだったっけ……。

話がUFOからそれてしまった。ともかく私は、こうしたどう対処したらいいのか分からなかった衝動に従って、自分を潰すという道を選ぶべきか、そのことは考えずに人生を楽しく……というか、それなりに生きていく道を選ぶべきか、UFOに尋ねてみようと思ったのである。夕方、ベランダに出て、「UFOさん、答えて下さい。自分を潰す道なら左に。そういうことを考えない道なら右に現れて下さい」と何度も心の中で尋ねながら視界に届く範囲の空を見渡していた。

10分か15分か経っただろうか。突然、右の方角に大きなオレンジ色の光が現れてこちらへ飛んで来て、直角に(私から見て)右の方角に飛んで行ったのである。すごいスピードで一瞬の出来事だった。しかも、ベランダから見える空の範囲のギリギリいっぱいの位置でのことだった。つまり視界の一番右の位置で右に折れる形で現れたのである。

それで答えは分かった。分かったけれども、私は左の自分を潰す道を選んだ。それで、苦しんでいるときに、最初の白い光が現れたというわけなのであった。

いまはもう、苦しんでいない。後悔は多少あるけど、違う方を選んでも後悔したような気がする。自分を潰すには若いうちにやった方がいい、という計算もあった。どこか冷静だったのだ。

変な衝動は無くなった。これからは自分の中の、もっと充実感の持てるような衝動に従っていくのだ。

なんにせよ、このとき見た白い光のＵＦＯは、太陽のように、こちらが思っていることを分かっていて、それに反応するという形で出現した。正直な気持ち……有り難かった。助けようとしてくれているのだと思った。解決には至らなかったけど、ＵＦＯに好意を持ち、心が繋がり始めていた。

知らない人に挨拶をされる

宇宙人とは、2回目のコンタクトがあってから、およそ1年ほど次のコンタクトが無かった。浪人生だったせいだろうか、気を使ってくれていたのかもしれない。それは今考えると、とても有り難いことだった。翌年、私は無事に大学に合格した。そして、4月か5月頃、通学中の電車の中でこんなことがあった。

中央線の国分寺の駅で電車が止まった。私はドアに近いところの吊革に捕まって立っていた。乗客が降りて行くのをなんとなく見ていると、大学生風の男の子が、窓が下半分に下ろされて開いている上半分の窓越しに、私の目をはっきりと見て「バイバイ」と言って手を振ったのである。私は見たことの無い人だったので、あっけにとられて見ていた。2回目のコンタクトを思い出して、宇宙人だったのではないかと思いはしたのだが……。

次に夏頃、通学中に東横線に乗っていたとき、また見たことの無い大学生風の女の子が私の目の前を通り過ぎるときに「おはよう」と言って私の隣に座った。彼女は他に誰かと話すということはなかった。空《す》いた電車だったし、やはり私に言ったのだと思う。宇宙人なのかな？　と思ったけど、話しかけられなかった。彼女も話しかけてこなかった。

その次は秋頃、渋谷の駅の路線を乗りかえるために人がゴチャゴチャしているところで、今度は30歳くらいの女性に「バイバイ」と声をかけられた。この人も、見たことの無い人だった。

この大学に入ってからの時期というのは、「宇宙人ですか？」と心の中で問いかけるとうなずく人にたくさん出会うようになってきた。それらは、全て電車に乗っているときだった。

その後、大学時代は心に残るようなコンタクトを色々と体験することになる。神様と関わるようになったのもこの頃だった。

神の声を聞く

せっかく大学に合格したのに、変な衝動に従っていた私は、ほとんど授業に出ることはなかった。でも、友人と体育会に入って練習には出ていた。そうやってなんとか大学に通っていた。ある日、大学の図書館で1人でブラブラしていた。読みたい本も特になく、あっちこっちを回って色々な本をパラパラとめくっていた。すると、突然、椅子に座りたい衝動に駆られた。

何かが起こりそうだった。無視しようと思えばできたけれども、その衝動に従ってみようと思った。題名も見ずに本を取り、隅っこの椅子に座った。周りの人に変に思われないように、本を開き下を向いて、顔を覆うように両手で頬杖をついて目をつぶった。途端に、頭の中に白い「もや」がかかったのが見えた。そしてその「もや」の中から「神の声を聞け」と声がした。聞こうという態勢に入ったら、「自分を保つな」と聞こえてきた。その声が終わると、白い「もや」も消えてしまった。

実はこの時期が人生で一番苦しかったときかもしれない。でも、自分を保たないということはどういうことなのか、よく分からなかった。だから、アドバイスをもらってもあまり役に立たなかった。多分、本心の素直なところでは、変な衝動に従いたくないのに、従ってしまおう、やりおおせてしまおうと自分を保っていたのかもしれない。

この数ケ月後には、別の神様と関わるようになる。これはあまりにも大きな神様なので、会話するということは不可能だった。ただ、向こうが与えてくるものを受け取るだけである。でも、こちらの考えていること・状態などは通じている。こちらの願いや幸福と感じる方向性などを考慮というか傷付けないようにしながら、実質的に私の内部を変化させていた。この神様と出会ってから、霊感が非常に発達した。それまでも不思議なことはあったけど、自分で霊感をコントロールすることはできなかった。

例えば、以前は、出がけにチラッと「～を持って行った方がいいかな?」と思っても「まあ、いいや」と出かけてしまうと、それが必要な状況が起こり、「ああ、あのときチラッと思ったのに」と悔しく思うことがよくあった。でも、この神様と出会ってからは「あっ、今チラッと〇〇と思ったな」と、かすかな印象もしっかりと受け止めるというか、意識まで上らせて考えることができるようになった。しかし、カルマというか自分の癖というか、そういうものとの戦いをあっさりと終わらせられなくて、長年、色々と苦しんだ。ただ、この神様と出会うまでは、孤独感と不安感が物凄く強くあったのに、徐々に無くなってしまった。

１９９4年に手の平からビジョンが見えるという手相見の女性に見てもらったら、「神様がついているね。でも私の知らない神様だ」と言われた。その通りで、日本やインドの有名な神様ではないのだ。また、この女性とNifty Serve（@niftyのインターウェイ）の会議室で会話をしていたら、私の書き込みから「深くて静かな流れを感じる」と言っていた。実は、この大きな神様と関わるようになってから今でもずっと、私の内部には「深くて静かなもの」が流れているのを感じている。しかし、色々と頭まで理解を上らせるのは、なかなか時間がかかるものだ。神様と関わって救われた部分は大いにあるけれど、自分の中の葛藤やこだわりから逃れる術が、分かろうとしても分からなくなっていた。

自殺を止めに来た宇宙人

そして、大学2年生のときだった。長く時間が経っても前に進めなくなってしまっているのを感じていた。どうしたらいいのか分からない。どうしたら分かるようになるのか分からない。色々と行動してみれば良かったのだと今になって思うけど、あまりにも心の中がこんがらがっていて、わずかながらやってみても、進んでいるのか、何か自分にとって意味があったのかも分からないでいた。成果を焦っていたのかもしれない。他人は皆、楽しく充実して毎日を過ごしているように見えていたのだろう。……ゆっくりと具体的に死ぬことを考えるようになっていた。体育会の試合の大会が終わった頃にしよう。さて、どんな風に……。

2週間くらい、そういうことが頭の中に浮かぶようになって、家へ帰るバスの中でもそのことを考えていたときがあった。

「どうやって死のうかな」とポツリと思った途端、突然、後ろの方から「ダメだ！」と男の人が叫ぶ声がして振り向いた。私はバスの右側の真ん中辺りの1人席に座っていて、その人は、1番後ろの長椅子の左端のところに座っていた。宇宙人だなと思い、私に反応したのかどうか試すために、7、8回わざと「死のう」と思ってみたら、その度に普通の会話のタイミングと同じように「ダメだ！」とか「違う！」と叫び声を上げていた。左右向かい合わせに座る長椅子の左側の方にいた男の人が、その叫んでいる男の人と振り向いている私の顔を交互に見ていた。私に叫んでいると気がついていたのかもしれない。それとも叫んでいる男性に私が注意を向けていたからだろうか。

この時点まで、自分から宇宙人に話しかけようと思ったことは無かったのだけれど、私は口に出して「ありがとう」と言おうと思って、先にバスから降りた彼を追いかけた。でも、彼は明らかに怒った顔をしていて、ズンズン早足で行ってしまうので、お礼を言うのはあきらめてしまった。数年前から宇宙人と会うようになって、それに何か大きな意味があるのかもしれないのに、それについて考えてみることはおろか、会う機会全てを否定するようなことを、私がしようとしていたからだったのだろうか。

白人の宇宙人

大学生のときには、他にも色々なコンタクトがあった。これは、その1つである。

渋谷の山手線ホームで電車を待っていたときのことだ。後ろからスッと白人の男性が来て、私の右側に立った。180cm以上あったかもしれない。私のことをチラチラと見下ろしていた。電車の中で向かい合わせに座った彼に、6、7回くらい、「宇宙人ですか?」と心の中で問いかけてみた。彼は大きな声で「はい!」とか「はい、そうです!」とか、普通の会話のタイミングと同じように返事をしてきた。まっすぐ私を見ていて、明るい感じの人だった。ラモス瑠偉さんみたいな髪型だった。

降りる駅で、私は「バイバイ」と言おうと思ったのだけど、人目があるので恥ずかしくて言えなかった。でも、彼は降りる私に向かって、「バイバイ」と声をかけてくれた。私は少しだけ微笑んで返した。

いつもそうだけど、宇宙人は全く人目を気にしない。迷うとか悩むとかいうこともないみたいだ。そういう感じがしない。彼らはもうずっと昔にそういうことは終わらせてきたような気がする。いつもスッキリ・ハッキリしている。地球人もいつかあんな風になっていくのだろうか。キチンと悩んだり考えたりしてきたのだろうとは思うけれど、もしかしたら、タマネギの皮を剥いていくと、最後に何も無くなったという話のように、本心を追求していった結果なのかもしれない。

地下鉄で会った宇宙人

これは大学3年生のときだった。このとき、久しぶりに地下鉄に乗った。三田線だった。

電車の中で宇宙人だなあと思う人がいた。私は座っていて、彼は私の斜め前に立っていた。私は降りる駅に着いたので、座っていたのと反対側のドアから外に出た。すると彼がドアのところまで追いかけて来て「違うよ」と私に声をかけたのだった。「何が違うんだろう?」と思ったけど、ドアは閉まり、電車は行ってしまった。それで、私は階段の方へ行こうとしたのだが、そのとき、自分の降りる駅ではないことに気がついた。一駅前だったのだ。そこで、彼が違うよと言っていたのは、降りる駅が違うと言っていたのではないかと思い、驚いた。そのことが頭から離れないまま、次に来た電車に乗り、目的の駅で降りた。すると！　なんとさっきの彼がその駅にいたのだ。そして、こちらを見ていた。私は体が凍りついてしまった。これは絶対に追いかけてくると思った。階段を上った改札に駅員がいる……（当時はまだ自動改札ではなかった）でも助けを求めても相手にしてくれないかもしれないと思った。

それで、地上に出て交番を探して駆け込もう！　と決断して、階段を駆け上がろうとした。でも、彼は追いかけて来なかった。ちょっと寂しそうな顔をしていた。それでプイッと向こうを向いてしまった。私はちょっと拍子抜けしたけど、ホッとして階段を上がった。

この1年後くらいに、また偶然彼に会った。山手線の座席に座っていた。最初に会ったときはすごく痩せていたのに、このときは多少太っていた。変な色使いの服を着ていて、紫のズボンに、緑のシャツに赤のジャケットを着ていた。「あっ、あの人だ」と思ったら、彼はちょっとだけ反応したのだけど、無視していた。私が怖がると思ったのかもしれない。確かに話しかけられたら怖がったと思うけど。ところで最初に会ったとき、彼の方から話しかけてきた。地球人に干渉してはいけないのではなかったか。

でも、後に分かったのだけれども、これ以外にも、宇宙人から話しかけてきたことがあった。今は、そういう法則があったとしても、その「干渉する」とは必ずしも「話しかける」ことを意味しないのだと思っている。

善悪を思考すると現れる宇宙人（1）

これも大学生のときのことだ。冬の寒いときだった。家へ帰る電車の中で、善悪のことを考えていた。

そのときは、いつになく熱心にああでもない、こうでもないと色々と考えていた。すると、突然何の前触れもなく「想念の内容にとらわれるな」という言葉が、頭の中に入ってきた。びっくりして、思わずバッ！　と後ろを振り返ったら、25、6歳くらいのサラリーマン風の男性が立っていた。車内では、あまり立っている人はいなかったのに、なぜか彼は私の真後ろで私の方を向いて立っていた。そして私と目を合わせるとニヤッと笑った。彼は次に電車が止まった駅で降りて行った。

これは結構、強烈な体験だった。意図的なテレパシーというのはこういうものか、という最初の体験だった。

痴漢から助けてくれた宇宙人

このときは、大学の1時限目の授業に出るために、早く家を出たときのことである。電車の中はラッシュで凄かった。社会人になってから経験した朝の山手線よりも凄かったと思う。ほとんど身動きできなかったのだけど、払っても払ってもお尻を触るおじさんがいて困っていた。たまに早く電車に乗ると、こういう目に遭うから悲しい。

2、3人向こうの方に、下を向いて文庫本を読んでいる宇宙人がいたのだけど、なんの反応も無い。でも、「助けてくれないかなぁ……」とチラッと思ったら、急にこっちを振り向いた。「助けてくれるのかな。でもダメかも……」と思ったら、また下を向いてしまった。「わーん、でも助けてー!」と心の中で叫んだ途端、宇宙人がこちらを向いた。そして、グイーッ、グイーッと人と人の間を掻き分けて、どんどんこちらへ近づいてくる。体のすごく大きな人で、ちょっと怖かった。一瞬、痴漢を殴るのではないかと思った。すると、宇宙人は、痴漢と私の間にグイーッと入ってピタッと止まり、何事も無かったかのように、また文庫本を読み始めた。……壁になってくれたのである。痴漢は、「わーっ、なんだなんだ」という顔をしていた。周りの人は、何があったのかすぐに分かったようだった。痴漢はもう何もしてこなかった。

電車が終点に着いて、皆出て行った。私はこのときばかりは、声に出してお礼を言おうと思ったのだけど、なかなか言えなかった。宇宙人は私が言おうとするのを分かっていたようで、じーっと私の目の前で待ってくれていた。誰もいない車両の中で、向かい合わせに2人で突っ立っていたので、人が見たら変に思ったかもしれない。

結局、やはり言えなかった。実際に口をきいてしまったら、何か彼らとの関係が大きく変化していくような気がして、それを受け止める用意が出来ていなかったからだった。それで、心の中で「ありがとう」と彼の目を見て呟いた。すると、彼はこちらから見て右上の方に両目を向けて、ニヤッと笑った。そして、サーッと行ってしまった。「あーっ、行っちゃった」と思ったけど、彼は全く後ろ髪を引かれない感じでさっさと行ってしまった。このとき、宇宙人というのは、思いと行動が一致しているのだなと思った。だから、スッキリハッキリした感じがするのだろう。

全面的にそんな風に生きられたら気持ちがいいだろうね。

V字型の赤いUFO

このUFOを見たのも大学生の頃だった。大学からの帰宅途中で、横浜と渋谷を結ぶ東横線に乗っていたときだ。私は上り線の左側のドアのところに立って、外を見ていた。すると、突然目の前に赤いV字型のUFOが現れたのだ。私の目線より少し遅れて、少々高いところを、電車の速度に合

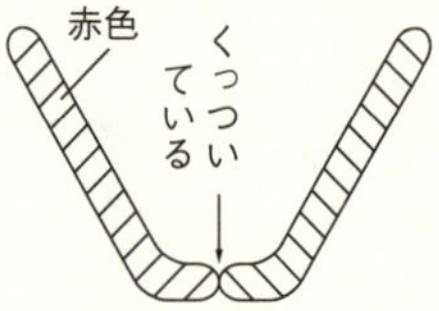

わせて、並んで飛んでいた。私はびっくりして、車内を見渡したが、気づいているのかいないのか、誰も声を上げていなかった。V字とはいっても、下方で少し曲がっていて、それはUの字とVの字の中間くらいの角度だった。ちょうど、蛍光灯のように円柱で先が丸くなっているものが2本あって、下でくっついているような形であった。

しばらくUFOを見つめていたが、なんだかふざけているような愉快な感じがした。というのは、私と並んで、電車の横を飛んでいるようだったからだ。電車はしばらくそのまま走っていたが、やがて大きな川に差し掛かった。鶴見川である。そしてその川のほぼ中央にきたとき、なぜか赤いUFOは、ピタッと止まってしまった。「あっ」と思っているうちに、どんどん電車は走って行ってしまう。そして、綱島駅に入って止まった。電車がまた動き出して駅から出ると、さっきより高いところに止まっている赤いUFOが見えた。正面を向いて、じぃっとこちらを見ているかのよう。

「バイバイ」と心の中でさよならをした。

体の具合を治してくれた宇宙人

大学を卒業後、私はとある会社の営業事務をするようになった。

最初の年の9月の末に初めての期末処理の仕事があり、1週間ほど仕事が忙しくなって残業が続いた。通常でも朝は6時半に家を出ていて、仕事があまりにも多いため、週に2、3回は起こすまいを、いつも地震だと勘違いしていた。過労で倒れたこともあった。その通常の業務以外にも期末処理があって、いつもは残業はしなかったのだけど、このときは1週間続いたのでクタクタになった。もっと過酷な仕事をしている人がいるのは知っているが、自分の能力としてはキツイ状態だった。

そんなある日、電車に乗っても座る席が無く「ああ、今日も座れない」とガックリきていたときがあった。するとそのとき、私の右後方の5、6人向こうの方に、ドアの近くの吊革に捕まった宇宙人がいるのに気がついた。30代くらいの男性で、いつも会う宇宙人よりもニコニコしていて、しきりに「こちらに注意を向けろ」と私に促している様子だった。それに気がついて「なんだろう?」と彼に注意を向けると、途端にとても暖かい大きなものがこちらに流れてきた。エネルギーが強かったのか、その形状を見ることができた。

「〜〜〜」という、波の形をしたものが、上下に何段にもなっているものだった。それが私の身体に届くと、私の身体の疲れはすっかり取れてしまった。どれもこれも、一瞬の出来事だった。そして、彼は電車が次に着いた駅で降りて行った。

もう1回、数年後にも同じことがあった。人の集まりが家から遠いところであった日だった。すごく体調が悪かったのだけど、取りやめるにはどうにも気にかかることがあって、頑張って行った。まあ、まだ体が動くからとてつもなくひどいわけではなかったけど……。帰りの電車ではぐったりとして座っていた。ふと気がつくと、目の前に立っている男の人が何も持っていない左手で「こっちに気がつけ」と呼ぶような感じで、私に合図を送ってきていた。隣に座っている知人に「この人宇宙人みたいだ」と言うと、「ん……、あ、本当だ。なんか変だね」と言っていた。

宇宙人はこの会話を聞いていたと思うが、全然気にしていなくて、それよりも私が反応しないので、ちょっと怒り出して来ていた。イライラしていて「早く気がつけ」という感じで、また左手で合図を送ってきていた。それで、何だろうと思い、彼に注意を向けると、身体の具合がスーッと良くなってしまった。私の体の具合が悪いのを治しに来てくれていたようだった。

でも、なんというか、あっけらかんとしていて、「大丈夫?」だの「苦しいでしょう?」だのそういうことではなくて、「原因を除去!」みたいな感じで、実質的に結果が良くなればいいと思っていたようだった。

自我を滅し切った波動

体の具合を治してくれた最初の宇宙人に会ったとき、受けた波動から、その内容が自我を滅し切った波動なのだと分かった。自我を押さえ切ったときに出てくる波動といってもいいと思う。

そういう状態で生きられるか、生きるべきかというのは、また別問題だけど、あるとき、一人で電車に乗って出かけたときに、その波動を出してみたことがあった。その波動を出すと、人には爽やかな感じがすると言われるので、周囲にいる人に対して何かの足しになるかなと単純に思いつついた程度の動機で……。

それで、座席に座りながらその波動を出していたら、ドアのところに20歳くらいの痩せているショートカットヘアの女性がいて、電車が地下を通って鏡になっていたドアのガラスに自分の姿を反射させながら、私に向かってニコニコとしてきた。宇宙人であった。そして、彼女はドアに反射して映っている私に向かって、ほとんど90度腰が曲がるくらいに深々とお辞儀をしてきて、しばらくはそのままだった。善意という意識に対してはそういう態度を取るのだろう。

お辞儀をしながら彼女はニコニコしていた。その後、彼女から「物凄く嬉しい」という愛の感情がこちらに飛んできた。すごくすごく大きなものだった。

夫に会いに来た宇宙人

そのときは休日の朝だった。午前10時頃だったかと思う。

まだ結婚する前だった。夫には宇宙人のことはすでに全て話してあって、信じてくれていた。それでそのとき、「宇宙人かあ……。俺も会ってみたいなあ……」と言うので、私は「じゃあ、今度、一緒に出かけたときに宇宙人に会ったら教えてあげるよ」と言った。それで、電車に乗って遊びに出かけた。休日の朝だったので、車内はガラガラだった。一車両に5、6人くらいしかいなかったと思う。真ん中辺りの席に夫と並んで座った。

すると、ある駅で40代後半くらいの少し太った大きな男性が電車に乗って来て、車内はガラガラなのに、夫の目の前の吊革に捕まって立った。私は宇宙人だとすぐに分かったので、下を向いて寝ている夫に「ねえ、この人宇宙人だよ」と声をかけた。夫が「えっ！」という顔をして、男性を見上げると、その男性がニコニコしながら、「何か？」と夫に話しかけて来た。しかし、夫は「あ、いいえ」と言って下を向いてしまった。3人とも黙ったままで、電車が3つか4つの駅を通ったら、その男性は黙って降りて行ってしまった。

目的の駅に降りてお茶をしているときに、夫がしみじみと「あの人、宇宙人だったのかなあ……」と言った。私は感覚的に分かっていたので「宇宙人だったよ」と言ったけど、夫は半信半疑だったようだ。それで、しばらく宇宙人談義をした。私が「あんなにガラガラだったのに、目の前に立ったりしてさ。宇宙人ってああいうわざとらしいことをするんだよ。それに見上げただけでナニカ？なんて笑いながら話しかけて来たじゃない」と言うと、「そうだよねえ。ナニカ？　なんて普通、話しかけて来ないよねえ」とは言っていたけど、やっぱり半信半疑のようだった。

その後、夫は何ケ月も時々、「あの人、宇宙人だったのかなあ……」と呟いていた。だから、なんとなく自分でも宇宙人だったのじゃないかと思っていたのではないかと思うのだけれど……。

しかし、宇宙人と長く付き合っている私でも、あんなにはっきりと話しかけられたことは、それまで無かったので、私自身もちょっと驚いていた。それと宇宙人の話をしていたら即座に現れたことにも驚いた。意外に思う人がいるかもしれないけれど、宇宙人は何かを伝えに来るためではなく、会いに来ることがある。こちらが会いたいと思ったときに、その気持ちを受け取った宇宙人が、とても嬉しそうに会いに来ることがある。こちらの好意などに敏感に反応して、顔が喜びに満ちているのである。

しかし、地球人のテレパシストは、こちらの思っていることに対して反応を表に出さないようにすることがよくある。宇宙人はバンバン返して来るので、彼らとあまりたくさん関わるのは結構大変なところがあって、のべつまくなしに会いに来られたときには、「会いに来ないでほしい」と思うこともよくあった。でもそうすると、会いに来ないでいてくれるので、本当に助かった。(「助かった」って、本当は彼ら自身が原因なんだけど)

今後、宇宙人と惑星単位で交流するようになっても、心の中を全部見られて反応されるというところが、一番大変なんじゃないかと思う。でも、意外に大丈夫な人もいるかもしれないし、慣れていくことで平気になっていく人もいるのかもしれないけれど。

美声の宇宙人

このときは、渋谷駅の山手線ホームにいた。

私はホームを歩いていた。ふと気がつくと、すぐ後ろに女の人が歩いていた。「あっ宇宙人だ」と心の中で思ったら、その女性が「そうだよ～」と歌うように返事をしてきた。ところがその声の響きがとても美しくて驚いた。一瞬、風鈴の音色を思い出すほどだった。他の宇宙人と会ったときは、特にそういうことも無かったのに、このときは違っていた。アダムスキー関連の書物によると、宇宙人は皆、美男美女ばかりということだが、私が会った人たちは、必ずしもそういうわけではなかった。アダムスキーは特定の宇宙人と深く付き合っていたようなので、その数人のことを言っているのかもしれないが。

私の場合はのべつまくなしにたくさんの宇宙人が会いに来る。でも、ほとんど会話らしい会話はしたことがない。

いつも思うのは、特定の宇宙人と私との関係性ということが問題・焦点なのではなくて、もっと深いところでの意味があって、なにがしかのアドバイスなりを私に与えるという目的のために一人一人の宇宙人が仕事を（目的を）果たすという形で来るのではないかという印象がある。だから仕事が終われば、さっさと行ってしまうし、私の想念の内容が嫌だと思えば、やはりさっさと行ってしまう。でも冷たいかというとそういうわけでもない。体の具合を治してくれたりとか、色々と助けてもらった。それも、どうしようもなく辛く苦しいときほど来てくれた。地球人でもそういう人はいると思うけど、宇宙人は人が生きていく上での苦しみや悲しみをよく分かっている人たちなのだと思う。

善悪を思考すると現れる宇宙人（2）

もう1つ、善悪を思考すると現れる宇宙人がいた。結婚して1年くらい経った頃のことだ。Nifty Serveに書き込みを始めて1週間ほどしたときで、1991年の12月のことであった。

このとき、夫と電車に乗って出かけるところだった。電車の中で、私は善について考えていた。そうしたら、少し離れた左斜め向かいの席に宇宙人と見える人がいた。夫に「あの人、宇宙人だよ」と言おうとしたら、宇宙人が持っていた新聞を「バーン！」と手の平で叩いた。私はハッとして、「そんなことよりも、コンタクトに集中しなきゃいけないんだ」と思った。でも、今思うと、人前でそんなことを言ってはいけなかったということでもあったのかもしれない。

私は50歳くらいの、その男性に注意を向けた。すると、彼の方から、「やれやれ、しょうがないな」という気持ちと、何かを待っているような感じが伝わってきた。私は、何かを伝えようとしているのではないかと思って、受容的な状態で待っていたら、「善よりさらに上の領域がある」という言葉が、はっきりと頭の中に入ってきた。このときの経験で、メッセージの受け取り方を学ぶことができた。

そして、彼は仕事が済んだからか、次に電車が止まった駅で降りて行った。私は、夫に「今降りて行った人、宇宙人だよ」と教えたら、「どれどれどれ？」と言うので、「あの人」と指さすと、「ただのおじさんじゃない」と言うのである。やっぱり、テレパシーコンタクトの前に夫に教えていたら、私自身がコンタクトに集中できなかったかもしれない。

この時期までは、わざわざ足を運んでメッセージを伝えに来てくれたのは、善悪を思考すると現れた、この2回しか無かった。他にも色々なことを考えたことがあったのに、善悪のことについて考えていたときにだけ来てくれた。よほど重要なことだったのではないだろうか。もしかしたら、アダムとイヴが食べた善悪を知る木の実は、地上で生じる想念のことを言っているのかもしれない。前回のテレパシーで受け取った「想念の内容にとらわれるな」というのは、善悪を想念・概念的にとらえるのではなく、感性を大事にしろということを当時の私に言いたかったのかもしれない。

そう言えば、昔入っていたＵＦＯ研究グループが出していた宇宙人の言葉の中で、「あなたたちは本当は何がいいことなのか分かっているのです」というものがあった。宇宙人から見たら、地球人は本当は何が良いことなのか分かっているのに、なかなか実行できないように見えるのだろう。大きな組織に呑み込まれて心を痛めている人とか、個人的な事情のあれこれとか、そういうことがたくさんあるのだと思う。アダムとイヴは、善悪を知る木の実を食べる前は、神の直感のまま、裸の感性のままで生きていたということかもしれない。

「13」という数字に隠された意味

「善悪を思考すると現れる宇宙人」の（1）と（2）をまとめて自分のホームページにＵＰした当時、あとから内容のことを考えていた。漠然と思っていたことを書いたのだけど、自分自身でよく自覚していなかったことに気がついたからだった。

それまで、自分がいまいち何か突き抜けていなかったのは、ここを突破していなかったからではないかと思い至った。実質的に、裸の感性を最重要視してきていなかったと思った。そう思ったら、何かいままでとは違うことが起こるような気がしたのだった。そして、ホームページにＵＰした翌朝夢を見た。なんだか奇妙な夢だった。大抵、何かあったときは、その日寝入ったときに夢でお知らせのようなものがあるものだ。それなのかな、と目を覚ましたときに思ったのだけど……。

夢は3つ見ていて、最初の2つの夢は後に生命保険の会社へ派遣で仕事に行ったときにやった仕事に関係しているものだと分かった。つまり「予知夢」だったのである。そして3つ目の夢は……


どう見ても近未来都市としか思えないようなところにいる。夢の中で、夢の中での記憶として、「さっき来たところより上のところに来ているな」と思っている。大きな大学のようなレンガ作りの建物の大きな階段を降りて、その階段の途中で外に出ると、エレベーターの塔があり、1階のドアがある。なのに、その階段を途中で降りないでさらに下に行って外に出ると、エレベーターの塔のもっと下のドアがあるのだが、そこも1階なのである。そういえば、下の1階は、どこかで見たような景色だったけど、上の1階は全然見たことがない近未来都市のようだった。エレベーターの塔の向こうには、はっきりとは見なかったけど、大自然が広がっていたようだ。もしかしたら、地球の1階と宇宙の1階だったのかもしれない。そのエレベーターはガラス張りになっている。

私は若い男性とエレベーターに乗る。他にも人がいるのに、皆、乗らない。私が13のボタンを押すと、若い男性が「私はいいですから」と言って降りてしまう。しかし妙なエレベーターだ。箱が上がって行くのではなく、床が上がって行くのである。13のボタンを押してもドアは閉まらないし、床も少ししか上がらない。仕方が無いので横にある螺旋《らせん》階段を昇っていくと、エレベーターの入り口から、ビジネスマン風（皆スーツを着ている）の中年の男性が4、5人一緒に昇ってくる。中にアタッシュケースを持っている人がいる。私が押したのが13階だと分かったからだ。

次の場面は、階段も踊り場もものすごく熱をおびてしまっている場面になる。階段はもうガラス張りではなく、コンクリートである。螺旋《らせん》でもなく、普通のビルの階段だが、どちらも右回りに昇っていくものだった。私は女性1人と男性2人と一緒に、階段の横の途中までの高さのコンクリートの壁の上に乗り、壁から天井まで伸びる手すり棒を順につかみながら昇る。なぜか私を含めて4人とも宇宙人なのである。12階で私ではないもう一人の女性が踊り場に落ちてしまうが、「アッチッチ」と言って戻ってくる。本当は「アッチッチ」の一言では済まされないくらいにものすごく熱いのだけれど。

13階に辿り着いて、階段の横のドアを女性が開けると廊下が見えた。だが、違うところにある階段のドアが外から開き、さっきのビジネスマンたちが入ってこようとしている。彼らがビル内を歩き回ってさんざん探したドアを、私たち4人がつきとめたのを知って、入ってこようとしている。彼らは地球人だ。ここは宇宙人と地球人が暮らすところなのだ。

2000年10月8日に子供が近所のお祭りで金魚を買ってきて、飼い始めた。9日に自分のホームページをオープンしたのだが、本当は8日に開こうと思っていた。時期的に同じで何かあるのかなと思っていたのだけど、少しずつ金魚は死んで行ってしまい、26日に最後の2匹が死んだ。25日

には、夫の少し遠い親戚の方が亡くなった。夫だけ葬式に行ったのだけど、この方にはお金を貸していた。「金」魚といい、お「金」がらみの人といい、そういう存在の死……物質性を重視する生き方が終わったという暗示のような気がする。自分の感性を大事にしていきたいものだ。

それにしても、2回目に宇宙人からテレパシーで受け取った「善よりさらに上の領域がある」とは何のことだろうか。このことをホームページにUPした翌日に見た、この夢の内容と関係があるのではないだろうか。夢の中に出てきた13という数字はなんだろう。ガラス張りのエレベーターで上って行こうとした13階。地球ではなく、宇宙や大自然を1階としていたエレベーターである。

もしかしたら、13というのは、善でも悪でもない、そういう相対的な意味合いを持たない、絶対的なありのままの事実、宇宙からの真実ではないか。より良いとかより優れているとかいう段階的なものではなく、どの存在も1つしか命が無いという、存在における等価のように、人間の意志や解釈を元にしたものではなく、もっと根源的な何かを元にしたものを表すのではないか。

これに気がついたのが、2003年2月24日の午後4時25分であった。もしや?!　と思ってこのときのホロスコープを見てみたら、月の位置が射手座の13度であった。私は、日常生活でなにかイベントがあるときに、その時刻の月の運行位置を調べてみることがよくある。そして調べてみると、そのイベントの内容と合致している内容のサビアンにあてはまる度数に、月が位置していることがよくあるのである。

サビアン占星術では射手座の13度は「ピラミッドとスフィンクス」だ。『未来事典』（松村潔著、角川書店）の射手座の13度の内容を読んで（サビアン占星術では、本来の星の度数に1度足した度数で内容を示しているので、本来の星の度数は射手座の13度だが、『未来事典』ではそれを射手座の14度に割りあてて説明している）、「普遍的な価値」というところでピンときた。自分でうまく言葉にできないでいた思いが文字で表されていると思った。「これだ！」と。13という度数も暗示的ではないか。結局、宇宙人は、善でも悪でもない普遍的な価値観について、「善よりさらに上の領域がある」と言っていたのではないかと思うのである。

大きな丸いもの

もう結婚していたが、子供はまだ産んでいなかった頃のことだ。

ある朝、目を覚ますと、足元に何かがいた。布団とふすまの間のわずかなすきまに大きなオレンジ色をした丸いものがいた。直径1・5mくらいだった。でも全然怖くなかった。それは私に向かってゆっくりとこう、つぶやいた。

「ジンセイハミジカイ」。

しばらくすると消えてしまった。しかし、これは何を意味するのか。

自分で思ったのは、UFOを見たり宇宙人と関わったりしたことを追究せずに放置していることを戒められているのだということだ。でも、どうしたらいいのかさっぱり分からなかった。

とりあえず、Nifty ServeのMistyフォーラムで、宇宙神霊アーリオーンからのチャネリングの内容が書かれていた「ARIONの世紀末書き込み寺」という会議室があったので、そこに参加してみた。当時はバシャールが出て来た頃で、チャネリングという言葉もこの頃出て来たものだ。しかし、この会議室が独立してフォーラムになってからも、数えると1年くらい参加したが、あまり自分の経験や考えが進んだり、解明したりすることはなかった。縁のない宇宙人だったのだと思う。

そして、その後何年かしてから、またMistyのフォーラムの今度はUFOの会議室で書き込みを始めたら、宇宙連合SEのメンバーの方の書き込みや、宇宙存在と関わっている方の書き込みに連動するように色々なことが起こり、宇宙人に対する自分の理解が進んでいくことになる。

ともかく、全てはこの丸い大きなオレンジ色の、宇宙人の意識体らしきものに触発されてのことだった。

龍の雲

1994年の夏のお盆のときのことだ。私は夫と子供と一緒に、夫の実家へ帰省していた。そのときは、お義父さんの運転する車で親戚の家へ出かけるところだった。長い時間車に乗っていて、私は後部座席から外を見ていた。空を見上げているとき、S字形の雲があった。見ているとなぜか気持ちが良くなり、ウットリとして見とれていたら、雲の後ろの方がゆらゆらと揺れ出した。まるで蛇がうねうねと動いているかのようだった。「あー!」と思い見ていたのだが、車が市街地に入り、雲は建物の影になって、そのうち遠く見えなくなってしまった。

実は、この前日の夜にＧＡＰ会員の遠藤昭則さんのオーラの本を読んでいた。その本の中に、雲の中にＵＦＯがいたとか、変な形の雲を3回同じ日に同じものを見たとか書いてあって、雲というのは何かあるのかな、と思っていたところだった。

だいたい、本を読んだり何かあったときには、当日の夜に夢で見るか、翌日に何か起こったりするのだが、これもそれだったのだろう。雲にも普通の雲では無いものがあることを知らせてくれたのだと思う。

その後、Nifty ServeのＵＦＯ会議室で、龍の雲があるということを教えてもらった。よくあるものだそうだ。恐らく、それだったのだろう。ウットリとしたのは、他者との一体感のようなものがその雲から感じられたからだ。その雲はそういう意識しか無かったような感じだった。溶け合っているような感じだったけれど、これも自我の無い状態なのだろうと思う。地球以外のところでは、どんな他者とも溶け合うような感じでコミュニケーションをしているのだろうか。そうすると、無闇に戦争したり殺し合ったりすることなど皆無なのだろうな。地球もいつかそんな状態にまで変化するのだろうか。

問題に対する回答の夢

この夢は、電車の中で宇宙人と会っているだけの頃、つまり自分の体験をNifty ServeのＵＦＯ会議室にまだ書き込んでいない頃に見た夢である。１９９６年の6月だった。当時、私は彼らともっと関わって、何かを色々としなければいけないのではないかと思っていた。

でも、何をどうしたらいいか分かっていたわけではなかった。自分の体験を人に話しても、「ふーん」という返事しか返ってこないのは仕方の無いことだったけど、とっかかりも見つからず、宇宙人もどうこうしろと言ってくるわけでもないし、にもかかわらず頻繁に会いに来るので、気になって仕方が無かった……。

でも、自分から積極的に話しかけるということも怖くて出来ずにいて、結局Nifty ServeのＵＦＯ会議室で書き込みを始めるまで具体的な進展が無いまま、今思うと随分と無駄な時間を費やしてしまったような気がする。

ともかく、まだNifty ServeのＵＦＯ会議室に書き込みをしていない頃に、彼らとのことを自分の人生の途上の問題として、強く懸念していたときがあった。このままで、どういうことなのか分からずに人生を終えてしまうのは避けたいという気持ちがあった。そんなときに見た夢である。

教室の黒板に、非常に難しい数学の問題が書かれてある。教室の中には、私の他に何人かの人がいる。皆、コンタクトマンである。そのうちの１人が黒板の問題を解きに前に行く。眼鏡をかけた男性で、スラスラと問題を解いてゆく。

次に場面が変わって、乾いた地面の上で、ヘリコプターの操縦の訓練をしている男性のコンタクトマンがいる。そのコンタクトマンは、地面すれすれにヘリコプターを操縦していて、舞い上がったり急降下したり方向を変えたりと、難しい操縦をしていた。
最後に、言葉が聞こえて来た。
「問題を問題にすることが問題だ」というものだった。

実際に行動してみなさいということだったのだろうと思う。それにしても、実際に行動しないと、人生も考え方もなかなか変わらないものだなと思う。

風船のヘリコプター

私の夢の中に意図的に入ってくる超能力者がいる。私の夢の中に登場人物として入ってきて、私とコミュニケーションをとるのである。私のホームページを見ていて応援してくれている地球人である。
2001年6月14日に、この人が出てくる夢を見た。

たくさんの人と大きなテーブルで昼食をとった後、皆で外へ出かける。この人だけ、皆とはずれて、ヘリコプターのあるところへ行く。私もこの人についていく。この人が「一緒にヘリコプターに乗ろう」と話しかけてくる。私は「うん。近いところへ行きましょう」と言う。ヘリコプターのところへ行くと、なんと風船のヘリコプターで、低い天井に風船の頭が付いて浮かんでいる。この人は風船に付いている紐を杭にくくりつけて、「後で乗りましょう」と私に言いながら、そばにいる2、3人の人と何か言葉を交わしていた。

私が2001年6月10日にホームページにUPした「問題に対する回答の夢」で、ヘリコプターの難しい操縦をしているコンタクトマンのことを書いたので、一緒にヘリコプターに乗ろうと思ったみたいだ。単純にそれだけ。たまにはこういう夢もいいな。

夢の中では、春のようにポカポカとした気持ちのいい陽気だった。

第二章　Ｎｉｆｔｙ Ｓｅｒｖｅでの体験と地球のシフトアップの情報

Nifty Serveで書き込みを始める

１９９７年の３月からNifty ServeのＵＦＯ会議室で頻繁に書き込みをするようになった。すると、大学時代の同窓会をする夢を見た。男女５人ずつで10人いた。皆ドレスアップしていた。私の夢では、「10」という数字は、「すでに準備が出来て次の段階へ進むところに来た」という意味として現れるということを、内容は忘れてしまったけど以前見た夢からそう思っていたので、なにか新しい段階に来たのかなと思った。今思うと書き込みをすることが、自分の新しい道を開くことになるという意味だったのだろう。

３月31日には、ＵＦＯの内部で、宇宙人と文書を交わす夢を見た。何かの契約書だったのかもしれない。これも書き込みをすることになったことを意味するのだろうかと思った。宇宙人の男の人はニコニコしていたのでホッとした。

そのうち、今度は「４」という数字が出て来る夢をいくつか見るようになってきた。

１、どこかの建物に入ると、１階で松崎しげるが『愛のメモリー』を歌っている。床に敷いてあるじゅうたんの下にたくさんの楽譜がある。隠しているのだろうか？　その建物は4階を工事している。でも喫茶店があった。5階は、夫や店の人や子供が見に行って「あんなふうになってた」と言うのだが、私は見に行かなかった。

2、今度は新しい家の中にいる。自分の部屋が4階にある。新しくて綺麗だ。窓を開けると、中国にあるような塔が見える。大きくて高くて壮麗な感じがする。「中国４０００年の歴史だよ」とそばにいる私の父親に言う。家が左へ動いて行き、塔がよく見えるような位置へ流れて行く。ジャーンとかシャーンとか、中国の楽器の音がする。父親が私に酒を買って来いというので、買いに行く。

3、子供と義理の父と一緒に建物の最上階へ行く。4階である。白い服を着た男の人がたくさんいる。木でできた丸い輪をこれから回すところである。何かの儀式のようだ。

これらの夢では4階がメインになっていた。当時、4次元のことを意味するのだろうと思っていた。なにか、音楽とか酒とか楽しくお祝いをしているようなイメージがある。最初は工事をしていたが、次に新しい家になり、その次は輪を回す儀式になっていたようだ。今思うと、4次元的な生活が始まることを意味していたのだろうと思う。

そして宇宙連合SEのメンバーの方が、ある特定の日付をあげて、宇宙連合のからみで何かあるかもしれないと書き込んでいた。私はちょうどその日にちょっと変なものを見た。正直言って詳しいことは忘れてしまったが、それで、宇宙連合というのは何かあるのかなと思うようになった。その後も色々なことがあった。他にもAさんやBさんという、神様と関わっている人たちに地球のシフトに関する理解をもたらしてもらった。

スメラミコトと結婚する夢

1997年4月の末には神様と結婚する夢を見た。オレンジ色の光でぼんやりとしている薄暗い和室に、16、7歳くらいの若い男性がいた。拳闘士がはくような黒いズボンをはいていて、上半身は裸だ。髪はロンゲ(笑)。なぜか彼が神様なのだと分かった。これから私と結婚式をするのだ。と言っても、目付け役のような40代くらいの男性と一緒にいるだけだ。宴会場のような広い和室の奥に木のテーブルがあるだけで、一番奥に私が座り、四辺のうち私から見て右側に当たるところに若い男性が、左に目付け役の男性が座っていた。和室はふすまで囲まれている。この後、若い神様と私は抱き合うことになっていた。

しかし、私から見て左側にあるふすまのそばに何人かの女の子がいて、睦《むっ》み合うことができない。若い男性と目付け役の男性は、私が抱かれたがっているのを察して「抱かれたいんだね」と言う。私が素直に認めると、若い男性が私を抱いてきた。お互いが気持ち良くないと、夫婦になれない。私は一生懸命だ。非常に激しい睦み合いになっていた。夢の中なのだけど、私は現実の夫のところにはもう帰れなくなってしまったと思い、悩んでいる。若い男の神様に話すが、「大丈夫だ」と言う。霊的な私はこの若い男の神様と結婚したがっていたようだ。

この夢を見たときは、名前は分からなかったが、「何という神様なのだろう」と現実生活で気にしていたら、また夢に出て来て、「知りたい?」と私に聞くのだ。私が「ウン」と言うと、「スメラミコト」と名乗っていた。

スメラミコトというのは天皇という意味になるが、なぜ天皇と名乗る存在と関わることになったのか? 思い当たるのは、手の平からビジョンが見える女性が、私のことを「皇室の血が入っている」と言っていたことだ。なんだろう。よくある話だけど妾の子供の家系とかなのだろうか。

2000年の初めに一時Nifty Serveでの書き込みを中断した。書き込みたいことはだいたい書いたし、私に強制するような衝動は無くなったので、もうやめたいというか疲れてしまっていた。そうしたら、夜、部屋の空間から「そんなに嫌がらなくてもいいのに」と16、7歳くらいの男性の声がして、私の首を切断する映像が見えた。見た通りクビにしようとしているのだろうと思ったが、もうどうでもいいやと思って、そのままにした。でも、このとき分かったが、1997年に夢を見てからずっと私に憑いていたんだなと思った。全然名乗らなかったので気がつかなかったのであった。

昨日の今日見た夢

前日、スメラミコトのことをホームページに書き込んだら、早速、それに関連する夢を見た。スメラミコトからのメッセージだと思った。

地球上のたくさんの人間が見える。なぜかその人たちが宇宙人系統の人間なのだと分かる。巨大な自転車の部分ごとに人が集まっている。同じ宇宙人系統であっても役割が違い、グループに分かれているようだ。

これだけ。夢を見てすぐに目が覚めたのだけど、そのとき、夢の瑣末なところに注意を向けて考えようとしたら、部屋の窓が「コーン!」と叩かれたように鳴った。「違う!」と言っているような印象を受けた。そう言えば、Nifty ServeのUFO会議室で書き込みをしている期間、こういうような合図が何度かあったけど、あれもスメラミコトだったのかな。全然名乗らないので分からなかった。

スメラミコトは天皇だけど、だから付き合っているんじゃない。だから従わなければならないなんてことはない。起こったことを過剰に肯定も否定もせず、率直に考え、使えるものは使いたいと思う。存在という点では等価なんだから、ただそうであるというだけで、上も下も無いと思う。

「恐怖心外し」の体験

1997年の4月29日だったかと思う。奇妙なことがあった。

家族で夕食を取りに、車に乗って外出したときのことだ。そのときは、道が混んでいて車は止まっていた。後部左の席に座っていた私が、左の窓から外を見ると、灰色のスーツを着た男の人が、私の乗っている車のすぐ横の歩道を降りて、車道を渡ろうとしているところを見かけた。私が男の人を見たとき、男の人はフッと反対車線から来る車を見るかのように顔を向こうに向けたところだった。

私はその後、ふと下を向きまた顔を上げると、どうしたわけか、今いた男の人がいなくなっていた。「あれっ?」と思い前後左右を見回したのだけど、いなかった。夫に聞いてみても、誰も車の前は通らなかったと言うし、以前、幽霊は朝と夕方に出やすいと聞いたことがあったので、このとき幽霊を見たのだろうと思ったのだった。私は、「こんなにはっきりと幽霊を見ちゃったなあ……」とちょっと怖い思いがした。

そして、この日の夜、トイレに立ったときに、「そう言えば、夕方幽霊見ちゃったなあ……」と急に思い出して(アリガチかも)、怖くなって急いで布団の中に入ったら、足元に置いてあった新聞が音を立て始めた。ガサガサなんてものではなく、グワシャグワシャという大きな音で10秒くらい続いたものだから、体が凍りついてしまった。ところが、そのとき、頭の中にポーンと文字が入ってきた(まさしく入ってきたという感じだった)。白い背景に「大丈夫」という漢字が書いてあるのが見えた。それを私が心の中で読むと、とても優しい感じがした。私は「あれ!?　これは宇宙人じゃないか!?」と思った。一種のテレパシー・コンタクトのように思えたからだ。

そして、これは当時買って間も無い、秋山眞人氏の『私は宇宙人と出会った』(ごま書房)の中に書いてある、宇宙人の「恐怖心外し」によるものではないかと思われた。長くなるけれど、本から以下に引用しよう。

幼少時の体験は、未知なるものへの恐怖心をなくすための準備段階

宇宙人とコンタクトするようになってから、幼少時の体験のことを宇宙人に尋ねてみると、やはりこれは宇宙人による〝マーキング〟（意識づけ）だということだった。将来、宇宙人とコンタクトする人に対して、小さいころからマーキングを施しているのである。

つまりそれは、宇宙人とのコンタクトに対する、コンタクティの恐怖心をなくすためのサインだということだ。たしかに、小さいころにこのような奇妙な体験をしていれば、不思議なもの、未知の現象に対する恐怖心は薄れるだろう。いや、それ以上に強い好奇心も目覚めてくるに違いない。

宇宙人が将来コンタクトを予定している人には、おそらくこのような奇妙な体験が与えられているはずである。

ＵＦＯや精神世界への興味が強いある雑誌記者の話によると、彼もまた幼いころに奇妙な体験をしていたという。

それは3歳か4歳のころだった。風呂場の入口の天井の隅が突然真っ白に光り出し、それを見ている自分に何者かが話しかけてきた。その何者かの声は、彼に、「いま見ていることをだれ

にも話してはいけない。もし話したら、そのときはおまえの命はない」と話しかけたのである。

そのあと、彼はどうも仮死状態になったらしい。記憶がはっきりしていないそうだが、父親が冬の夜道を町の医者まで背負っていこうとしたようだ。幸い、病院に向かう途中で息を吹き返し、ことなきを得たという。このあいだの出来事は、もの心ついてから両親から聞いた話である。

その後、この体験は、強烈な恐怖を伴って彼の記憶に焼きついていた。だから、両親、兄弟を含めてだれにも話すことができなかった。何しろ、話せば死ぬというのだから、けっして口にするわけにはいかない。

ところが、大学に入り仲間達と同人誌をつくることになったが、どうしてもネタが思い浮かばないことがあった。そこでやむを得ず、その話を書くことを決心したという。迫り来る恐怖に耐えながら原稿を書き上げ、何とか同人誌にきちんと載った。しかし、それでも死ぬことはなかったのである。

これはまさに、神秘的な体験に対する恐怖心を取り払うためのマーキングである。「何者か」の約束を守り（後述するが、コンタクティの第4の条件である〝秘密を守れる人〟に当たる）、あるとき文集にこの思い出をつづろうと決心したとき、彼は宇宙人と出会うための準備段階を1つ、クリアしたのである。

このように、コンタクティは何らかの神秘的な体験をしていることが多い。ただ、それを完全に忘れている人も多いので、記憶にないからといってあきらめる必要はない。

幼少時の意味不明の体験は、未知なるものへの恐怖心を軽減するためのものだ。コンタクトにとっての最大の阻害要因は、人間の恐れの感情なのである。

こうして恐怖心がなくなったら、15、6歳ごろの思春期に、ダイレクトな体験をすることが多い。UFOを見たり、テレパシー交信したりするのは、この年齢のころに始まる人が多いようだ。私自身もまさにこのタイプといえる。

ただ、このタイミングを逃しても、大人になってから強烈な体験をする人もけっして少なくない。また、交通事故などをきっかけにして、直接的なコンタクトが始まる人もいる。


このことをホームページに書こうと思っていたら、リンク先の掲示板で、この本の中の恐怖心外しの体験者本人と出会ってびっくりした。有名な方なので知っている方もいるかもしれない。

話はずれるけど、例えば、第一志望の大学に落ちればすごくがっかりするものだけど、でも違う大学に行ったからこそできたという体験もして、人生が変わったりすることもあると思う。自分で思うには、表面的な形の上での出来事とは違う、価値観の世界というか流れがあって、それに目を向けていると、表面で起こっている出来事が悲しいことであっても、そう悲観することではないように思えてくるのである。

秋山さんのことはまだ有名になる前に『GAPニューズレター』に仮名で体験談を発表していた

のを読んだことがある。体験した内容自体も珍しいものだったけれども、そのことに関して深く考えているところがあって、読んでいてとても面白かった。

秋山さんの他の著書も、宇宙人から伝えられたものを地球人が生活の中で活用できるように、うまく表現された内容だと思った。コンタクトマンのことはコンタクトマンにしか分からない部分があって、その中でもよく事情が分かっている彼の色々な言葉には随分励まされた覚えがある。彼の話では、国内でもたくさんのコンタクトマンがいるということである。皆、口をつぐんでいるけれど、私も体験をこうして発表することで、もっと他の人も話しやすくなってくれるといいなと思う。死ぬ前に他の人の体験談をもっと聞いておきたい。

自分の恐怖心外しの体験をNifty ServeのUFO会議室に書き込んだ夜には、こんな夢を見た。

宇宙人が3、4人出て来て、「我々の伝えたものが伝えられたようだ」というようなことを言ってホッとしていた。

やっぱり宇宙人に起こされた出来事だったのかもしれない。灰色のスーツというのは、私が初めて出会った宇宙人もそうであったので、分かりやすい形にしてくれたのかもしれない。

デジャヴュが起こる

前日に「恐怖心外しの体験」をホームページに書き込んだ後、テレビをつけながらホームページを読み返していたら、ちょうど読んでいた箇所とテレビからの音声があいまった現象に、既視感があった。読んでいた箇所は、以下のところである。

「ところが、大学に入り仲間たちと同人誌をつくることになったが、どうしてもネタが思い浮かばないことがあった。そこでやむを得ず、その話を書くことを決心したという。迫り来る恐怖に耐えながら原稿を書き上げ、何とか同人誌にきちんと載った。しかし、それでも死ぬことはなかったのである」

恐怖心外しの体験というものに、宇宙人は相当入れ込んでいるらしい。つまり、地球人に恐怖心を取り去ってもらえれば、もっとスムーズに交流が進むと思っているのではないかと思う。これは一見、自分の心の闇を覗くことにも似ている。恐らく心の中にも規制の枠にとらわれない何かがあるのだろう。そうだ。心の闇は怖いものだけど、覗いても死ぬことはないのだ。そういうことでもあるのではないだろうか。

夢に出て来た龍（1）

１９９７年６月の初めに龍の夢を見た。とてもリアルで強烈なものだった。宇宙の遠いところから地球にいる私のところへ、細かい内容は忘れてしまったが、2回意思を直接送って来ていた。そして次の場面では、宇宙空間に浮かぶ龍の頭の上に私が乗っていた。そばに惑星らしきものが2つ浮かんでいるのが見えた。それは龍の手の平くらいの大きさだった。遠くに地球が見えた。太陽系のなんと小さなことだろう。地球上の物質的な規模で言うと龍はとてつもなく巨大だったけれども、宇宙の中ではそれでも小さなものであるように感じた。

私がチラッと地球に意識を向けた途端に、龍はものすごいスピードで地球へ飛んで行った。周りの景色は何も見えないまま、瞬く間に地球の、私の住んでいる場所の辺りに着いた。そして、近所に住む、当時子供の通う保育園で知り合った人の家のベランダ近辺に龍が停空した。彼女がテーブルを挟んで旦那さんと子供と話をしているのが見えた。すると、龍がしゃべった。「この人はいい人だから大丈夫だ」と。

今、思うと、そんなすごくいい人というわけではないけれど、彼女と付き合うことは私には精神的にプラスだったことが色々とあったので、そういうことなのだったと思う。彼女と付き合うことで前に進むことが出来たことが多分にあったということである。龍はそれを知っていて、私に付き合うことを勧めるには一番いい言い方をしたのだろうと思っている。

この場面の前にも違う状況で龍の夢を見ていた。私は、電気のついていない暗い部屋の中にいた。部屋の戸は4枚あって、ふすま状になっていた。外は明るくて大きな龍がいて、戸をガタガタさせて開けようとしていた。龍は中にいる私に向かって「私はお前に会いたいのに、お前はどうして私に会いに来ない」と言っている。龍の長い爪が戸の隙間から入って私に届きそうで、私は奥へ逃げた。しかし、こんなに簡単に開けられる戸なのに、どうして入って来られないんだろうとも思っていた。簡単に開けられる戸なので、すぐに入って来そうなのに、ガタガタ戸を揺らすだけなのである。

この暗い部屋の中には私の友人が1人いた。彼女はさほど怖そうでもなく、でも龍にも私にも注意を向けている風でも無かった。怖がり彼女を呼ぶ私をよそに、ただ壁にもたれて、1点を見つめているだけだった。

彼女は一時期私が真ん中の子の出産で病院に入院していたときに、隣のベッドにいた人だった。彼女は子供が幼稚園に通っていて、私の子供は保育園に通っていた。それで、幼稚園と保育園の違いなどの話をしているうちに、彼女が子供を公園で遊ばせているときに知り合った親しい友人というのが、私の子供が保育園のクラスで一番仲良くしている子のお母さんだということが分かり、2人で顔を見合わせてしまった。そのうち、彼女は霊的な話を急にしてきて驚いた。主婦同士で話をしていて霊的なことを話題にしてきた人は、後にも先にも彼女しかいなかった。しかもその内容が「友人に霊感の強い人がいて、部屋の人形がよく動き回ったり話したりしているんだって」という、〝濃い〟ものであった。

彼女とは住所と電話番号を教え合って退院した。しかし私は人に気軽に電話をするということはあまりしない性格で、長い間そのままになっていた。ところが何度も何度も、彼女が夢に出て来るのであった。

あるときは、彼女が保育園の黄色いカバンを持って私の家を尋ねてくる夢を見た。すると、そのカバンに「HABU　YOKO」と書かれていた。当時ちょうど、将棋の羽生名人の奥さんが妊娠しているときで、「これは女の子が生まれるのかな?」と思っていたら、やはりそうであった。名前は「ようこ」と読む名前では無かったけれど。

またあるときは、夢の中で彼女が私に「バイバイ」と手を振っているだけの場面を見た。「どうしたんだろう?」と思っていたら、彼女との共通の友人に保育園で会ったときに、彼女が旦那さんの実家に引っ越すことになったと聞いた。電話をしてみようかと思ったものの、長い間していなかったのでしにくくて、とうとうしなかった。

彼女との間には、霊的なことと、予知夢とシンクロニシティなどが関わっていた。後にNifty ServeのUFO会議室で起こるこれらと同様の様々な霊的な出来事は、この龍からもたらされたものだったのかもしれない。スメラミコトがずっと関わっていたことを思うと、この龍はスメラミコトの化身、または眷属《けんぞく》であったのかもしれない。そう言えば、彼女の2番目の子供は私の本名と同じ名前であったというシンクロニシティもあった。現実の出来事と色々とリンクしていた。

夢に出て来た龍（2）

部屋の外にいる龍に急に私一人で対面する場面があった。そこには、三角形の塀があり、そのそばに、メガネをかけた少年がいた。メガネをかけた少年を夢の中で見たとき、私は「アッ」と思った。サビアン占星術で、射手座の20度で出て来る少年を意味していると思ったからである。

これは、ちょっと特殊な象徴で、西洋占星術の中のサビアン占星術という手法に出て来る象徴の1つである。このサビアン占星術というのは、360度に細分化された星座の度数を、エリス・フィラーという女性に霊視させて、見えた内容からその1度1度に意味を持たせるという手法である。占い師の松村潔氏が1991年という早い時期に解説書を出してくれたおかげで、私は自分の人生に色々と役立たせることが出来た。

この射手座の20度から、フィラーは「借りてきたメガネをかけている子供と犬」というビジョンを霊視している。松村氏の解説内容を『神秘のサビアン占星術』（学研）から引用してみよう。

「人類の現在の水準ではまだ到達できない進化レベルに参入するために、成長が加速されている段階で、模倣を通じて学習する。子供やイヌには、眼鏡という知性の道具は、ふさわしくない品物だ。一見、滑稽に見えるくらい、無理をしながらも、いまの自分からは、はるかに遠い高度な知性を獲得しようとしている。現実にこの世にいる先生や先達を模倣することはめったにない。対象となるのは、宇宙的な知性とか、神々の世界などがほとんどだといえる。（後略）」。ちなみに、20度から始まる5度分の意味は「未来的な新しい世界への移動」である。しかし、この少年は私に顔をそむけていた。私がこの夢を見た時点で、私はこの少年が象徴するエネルギーを十分に活用していなかったということなのだろう。

出生天宮図で、私はこの射手座の20度の位置に、ジュノーという小惑星を持っている。ジュノーの意味は色々あるけれど、主張するという意味で私の人生では強く働いているようだ。私は1996年の誕生日を迎えてすぐに、私と同じ六角形のＵＦＯを見たという人の書き込みにコメントをつけてから数ケ月後以来、自分の体験を頻繁にNifty ServeのＵＦＯ会議室で書くようになった。32歳になってすぐのことだったのだが、この32歳というのは、私の出生天宮図で蠍《サソリ》座18度にある、霊的な可能性を示す海王星が32度足されて、射手座の20度に来た年でもあった。つまり、私の32歳の運勢において、私の中の海王星の働きが主張する星と重なった年だったのである。この位置は私の出生天宮図では12室に当たる。12室というのは、松村氏によると、パソコン通信を意味している。

総合すると、パソコン通信で霊的な主張を行うという読みが出来る。ここで、蠍座18度のサビアン占星術の意味も、本から引用してみよう。

霊視のイメージ：「オウムが横で聞いていた会話をオウム返しに繰り返す」

チャネルシップというのがこの度数のキーワード、簡単にいうとチャネリングの能力だ。オウムは人の言葉を理解しないが、わからないながらも、完全な模写をすることができる。この度数をもつ人物は、まるで透明なガラスのように純粋な精神をもっているが、オウムのように、十分に考え抜かないで、受取った情報や印象をそのまま、人に伝達しようとする傾向がある。中途半端な場合には、これはものごとを深く考えないタイプの人になるだろう。媒体になりやすい傾向から、人の影響を受けすぎるとか、気がつかないでなにかを模倣しているとかの癖もあらわれる場合がある。うまく能力を磨けば、日常生活ではうかがい知れない超越的な意識や知性体の媒体として活躍することが可能だ。

サビアン占星術は、どれもこれも、霊的なことが書いてあるわけではないし、32歳で書きこみをしたときには、32歳ということに、このような占星術での意味があるとは気がついていなかった。それから、蠍座18度や射手座の20度に星が位置する人というのもたくさんいると言えばいるけれども、私は星の示す通りのことがピタリと起こるということが、なぜか他にもたくさんある。理由なんか分からないけれども、人生で色々と活用できるから面白く思っている。これは、占いに未来を決めてもらうという意味ではなく、自分の中の色々な面を占星術で意味付けすることで……というか、そもそもあてはまっているものを認識することで考えが進むというか、エネルギーを使いやすくなるというか、そういう意味である。占いで示されていても自分が嫌だと思えば、そのように行動しないこともよくあったりする。

その後、また大きな龍が夢に出て来て「鎮座まします我らの……」と言っていた。「……」のところは、声に出していなかったけれども、「宇宙猫」という思いだけが伝わって来た。片手を挙げて、何かを指し示すような、宣言するかのような姿をしていた。

1997年6月末の出来事

　この年の6月の初めには龍とコンタクトする夢を見たが、6月末にもまた色々なことがあった。胸に何か強いしこりというか、衝動のようなものがあった。注意を向けるように促されているらしかった。ある程度やっていたら、「今日はここまでにしよう」という声が聞こえて来た。また、その数日前には、「もうコンタクティなんかやめよう」と思っていたら、「絶対に違う！」という男の人の声が聞こえて来た。それでもやめようと思っていると、暗く冷たいトーンが見え、思い直すと、明るく爽やかな感じがした。夢にも宇宙人が出て来た。

　4階の本屋の店頭に、カバン、財布、メモ帳を置いて、エレベーターで1階に行く。チラッと「盗まれるかな？」と思うが、ドアを閉める。閉める直前に男の人が入って来る。この人は宇宙人だ。私に「もう、無くなっていると思う」と言って来る。慌てて4階に取りに行くと無くなっている。人も少ない。カバンと財布（中身無し）は有るが、メモ帳は無い。

　また4階が出て来た。4次元に留まっていないと、大事なものを無くすよという意味だったのだろうか。それとも宇宙の仕事が出来ないよという意味だったのかもしれない。

『銀河文化の創造～「13の月の暦」入門』と聖母マリア

そうこうしているうちに、7月には奇妙な予知夢を見た。

夢の中で本を開いている。本の前の方のページに、北海道から青森、秋田を通って、東京まであるラインが通っている。秋田を通るラインに6、7個の点が見える。このラインは北海道を抜けてもっと北の方まで通っている。（北極まで？　北極星まで？　北斗七星まで？　どこまでなのかはっきりとは分からない）

右ページ上部の余白に聖母マリア像の写真が載っている。修道女が着る黒い服をまとう、金色の像である。しばらく見ていたら、急に消えてしまう。それで、霊視だったのだと気がつく。後ろの方のページに「7月25日」という日付けと、そのことに関する文章が書いてある。そこまで読み進まないうちに、目が覚めてしまったので、何が書いてあったのか分からない。夢の中で読んでいる最中に、「この本は夢の中だけで読む、聖母マリアの本だ」と気がついた。以前も夢の中でこの本のさわりを読んでいたことを夢の中で思い出す。

本が消えて、数字だけが見える。「13・0」だか、「13・3」だか、「13・5」だか、13の小数点以下の数字がはっきりと読めない。「あなたの数字です」という声が聞こえる。

この夢を見た翌日だったたか、翌々日だったたか、Nifty Serveの会議室で話をしていた人に紹介された本を探しに、近所で一番大きな本屋へ行った。すると、紹介された本があった。神道関係の本である。他にもいい本が無いかなあと色々と見ていたら、ずっと前から買おうと思って（無くて）買えずにいた本を見つけることができた。『銀河文化の創造〜「13の月の暦」入門』（高橋徹著、たま出版）である。そして、パラパラとめくってみると、後ろの方のページに、13・01から13・28までの数字が書かれてあった。この数字は13の月の1日から28日までに対応しているものだ。また、7月25日というのは、「時間を外した日」というもので、この暦では、7月26日から1年が始まり7月24日で終わるのであった。

絵本の夢

1997年8月18日には、何か意味ありげな絵本の夢を見た。

まず、「3次元の法則と4次元の法則は違う」という声がする。

そして、1960年頃から活動している、宇宙人とのチャネリング＆コンタクト・グループの、「オイカイワタチ」の情報誌などに挿絵を描いている人の描いた絵本の夢を見た。この人の絵本というのはすでに出版されていたのだけれど、私は見たことは無かった。夢の中では、どのページもとても綺麗だった。そのうちの1つの絵を、亡くなられてしまった、ルル・ラブアさんという占い師の方が「すごく優しそうな絵」と言っている（夢を見た当時は亡くなられていなかった）。また、「私は波動が読めるんです」とも言っている。

その絵は、見開きの2ページ分で1つの絵になっていて、左ページの左上に白い丸が描いてあった。その線は5㎜くらいの幅で、直径が7～8㎝くらいだった。その丸の中には、森が描いてあるのだけれど、それは、新しく変わった世界、新しく生まれ変わった地球であることが分かる。その丸の右側には、色々な種類の動物たちと、男とも女とも分からない、裸の人間が一人いた。多分人間そのものを象徴していたのだと思う。その人間と、動物たちが手をつなぎながら、ニコニコと嬉しそうに、その丸の中に入って行こうとしていた。丸の右下の一部は、動物が丸の中に入ろうとして重なっていて、切れていた。人間も足が一歩、丸の中に入っていた。この絵本は、公民館の一室のような広い部屋の中に、何本もまっすぐに置かれてある長机の上にあった。私は椅子に座りながら絵本を見ていた。

隣に狭い別室があり、そこにジーンズの上下を着た、ヒゲをはやした痩せた男の人がいることに気がついた。Nifty ServeのＵＦＯ会議室で時々話をするＡさんであるとすぐに分かった。Ａさんは私に話しかけてきて、もう1つ長机に置いてあった、星だけがたくさん描いてある絵本の説明をしてくれた。説明の内容は覚えていない。ただこの絵本もとても綺麗なものだったという印象があった。

その後、夢を見てから1ケ月ほど後に出た、『Misty』という月刊の占い雑誌に、ルル・ラブアさんがオーラが日常的に見えることを書かれていた。夢の中で「波動が読めるんです」と言っていたことが現実であったことが分かった。

また、AさんがNifty ServeのUFO会議室に書いた内容について、以前私が夜空を眺めながら考えていたとき、流れ星を見たことがあったこともあり、Aさんは色々な星の意識について詳しい人なのではないかと思った。

最初に見た絵本の中に出て来る動物の先頭には、鶏がいた。鶏は伊勢神宮では神様の使いになっている。また、この年の始めに、大きな神社に行く夢を見ていたこともあって、9月に思い切って伊勢神宮に行ってみた。行く途中、空の一部がゆがんでいるところがあって不思議に思った。伊勢神宮の内宮の五十鈴《いすず》川はいつかの夢で見た覚えがあった。年の始めに見た夢の中の神社は新しい白い木で作ってあり、近くに女性の霊能者がいて、奥の方の「二の院」に男の神様がいると言っていた。私が手を合わせて拝んでいると、そこへ体が動いて行った。本当はこっちに神様がいるのだと思っていた。

実際の神社は、内宮では最初に夢の中で見た、新しい白い木の神社と似てはいるなあと思ったけれど、奥の方は分からなかった。しかし、外宮の上に上がらないところの小さなお宮に霊能者らしき女性が2人いて、しゃがんで自動書記らしきものをしていた。夢の通りではなかったけど、一人の女性は、夢の中の女性と同じように髪をアップにしていた。帰りの道中では、はっきりと夢で見た景色を見た。左手の遠くに横に長いマンションがこちらを正面にしている風景だった。

この絵本に関しては、まだ色々なことがあった。

絵本原画展

絵本の夢を見た翌年１９９８年に、この夢の中の絵本らしきものの原画展が千葉の松戸で開催されることになった。

私はオイカイワタチの不定期刊行物をとっているので、その関係で絵本原画展のお知らせの葉書が自宅に届いていた。それで、Nifty ServeのＵＦＯ会議室にそのことを書こうかどうしようかと通勤中の電車の中で考えていたら、行きのときも帰りのときも、宇宙人が近づいてきて、はっきりと「うん、うん」とか「うん、そうだ」と声に出して言うので、その日会議室に書き込んだ。以下がその内容である。

11656/11667 PBC02112 宇宙猫　絵本原画展のお知らせ　（おがわまさこ）
（18）98/07/09 20:12

皆さん、こんばんは。

今日は、オイカイワタチというチャネラー＆コンタクティグループの出版物に挿し絵を描いていらっしゃる方の絵本原画展開催のお知らせをさせて頂きます。

題名：「えんばんにのろう」
作者：おがわ　まさこ
期間：1998年7月10日（金）～23日（木）
場所：JR常磐線松戸駅構内市民ギャラリー（東側）（駅構内の通路に面したショーウィンドウ形式のギャラリーだそうです）

家にお知らせの葉書が来てましたもので……。
「お心が動かれましたらお出かけ下さいませ」とありました。

それでは。

私は当初、家から遠いので原画展には行かないつもりだった。しかし、最終日の7月23日、会社にいるときに、「やっぱり行こう」と思い立った。そして、会社からの帰りの電車の中で、いつも降りる駅に電車が停まったときに、私がそこで降りずに乗り越して行くのを、ジーッと宇宙人が私を

見張るように見ていた。彼は私が降りないのを確認してから、その駅で降りて行ったようだった。私は、「これは、何かあるな」と思い、絵本原画展に行くと、夢で見た絵と同じような絵があった。

人間と動物が白い丸の中の地球を見ている絵である。私が夢の中で見た白い丸の中の絵は森のようだったけれど、絵本の絵は山と森と湖が描かれてあった。それと、インターネットを始めて、この方の絵本が掲載されているホームページを見て、「星空美術館」という絵本があることを知った。私が夢で見たような星だけを描いた絵本では無かったけれど、やはり、それらしい星の絵本があったのである。

多分、宇宙人は大自然（神、魂）と共に生きるようになる、新しい地球が来ることを告げたかったのだと思う。それには、まずポールシフトによる大洪水が起きて地球が大掃除されることになるのだが、その直前に人間や動物を他の星に移住させるためにＵＦＯが来る、というのがオイカイワタチ（の絵本）での主張であり、例えＵＦＯに乗らずに死ぬ人たちがいても、約40年間の彼らの世界中での霊的な活動（儀式）により、地球上の人間は霊的にすでに救われることになったそうである。

本当にポールシフトが起こるのか、その前にＵＦＯによって他の星に一時的に移住するのか、それとも何事も無く過ぎ行くのか、または地球人の霊的なレベルが宇宙人並になって、オープンコンタクトが行われ、宇宙の仲間たちとの交流が行われるのか、それはどうなるのか分からない。しかし、このような流れがあるということを記しておこうと思うのである。

また、この原画を写真に撮ってきたのだが、現像した写真をテーブルの上に置いておいたら、夫がお茶をこぼしてしまって、そのままにしておいたものだから、写真同士がバリバリにくっついてしまい、気がついたときにはダメになっていた。でも、これを見たときに、なんだか大洪水で物質的なものが崩壊するような、ポールシフト現象を連想してしまって、ポールシフトはもしかしたら本当に起こるのではないかと思った。(可能性として象徴的な現象だったのかもしれない)

また、後の会議室の書き込みから、この原画展を2人の方が見に行かれたことが分かったのだが、片方の方は原画展の開催地がその方の通勤圏にあり、もう片方の方は絵本の発行所がその方の自宅近くに有るということだった。それを知って、まるで、絵本が自分の家(自宅/発行所)から仕事(通勤圏/展覧会開催地)へ行ったかのように思えるのだった。

母船スーサの夢

1997年の10月に、唐突に白い巨大母船の夢を見た。

緑色に光る小型円盤が、空中に浮かんでいる黒い葉巻型母船の中から出て来る。その葉巻型母船は、宇宙の遠いところにある、白い巨大母船の中へ吸い込まれてゆく。その白い巨大母船は、前後、左右、上下に四角柱が入っているような形で、中心ほど長いものが入っていて、中心から離れるほど、短い四角柱になっているというものだった。四角柱の横の面に当たるところには、ネガのように四角い窓がたくさん並んでいて、全て明かりが点いており、中にたくさんの宇宙人（ヒューマノイド型）が黒いダイバースーツのような型の服を着て過ごしていた。次に、この巨大母船はさらにもっと遠くの宇宙にある、同じ型でもっと大型の白い巨大母船の中へ吸い込まれていくのだった。

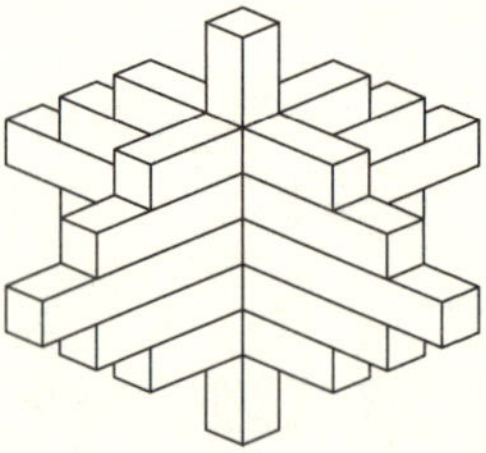

斜め上から見るとこんな形

この夢を見た当時は、なんのことだか何も分かっていなかった。だが、翌年、『ａｎｅｍｏｎｅ』7月号に、宇宙連合ＳＥというチャネラーグループのメンバーの萩原直樹さんが書いた記事のページに、私が夢で見た母船とよく似たＵＦＯの絵が描かれてあった。それは、旗艦母船スーサという名のものだった。萩原氏の記事に出ていたスーサは、私が夢で見た母船と似たような形なのだけれども、段々のところが丸い型になっていた。そして、真正面に星のマークが付いていたのだ。しかし、私は星のマークを夢の中の母船に見ていない。また、このスーサは直径15㎞で、約１０００人の宇宙人が生活していると7月号には書かれていた。しかし、私が夢で見たようなたくさん並んだ窓や宇宙人の姿は描かれていなかった。この辺は、私の場合は映像として情報を受け取っていたということになると思う。

失敗したコンタクト

１９９７年の12月には、こんなコンタクト体験があった。

その日、会社の帰りに電車の中で、会議室に何を書こうかと考えていたら、突然、隣に立っていた30歳くらいの女性が「だめ、違う」という言葉を発した。試しに、何度か書こうと思っていた内容を思い浮かべてみると、やはり「だめ」とか「違う」とタイミング良く言っていて、その理由も思い当たることがあったので、取りやめることにしたということがあった。彼女は、偶然なのかなんなのか分からないが、私が降りる駅で降りて行った。

この日は、火曜日だったのだが、翌週の火曜日に仕事を終えて帰る途中、「今日、また彼女に会えるような気がする……」と思っていた。そして、彼女と会った電車の路線に乗り換えるために入った駅のホームへ行くと、先週会った女性の宇宙人が駅のベンチの端に座って私のことをじーっと見ているのに気がついた。私は、彼女を見つけてハッとして「待っていたんじゃないか?!」と思った。それで思い切って、彼女から１つ空けた隣のベンチに座った。

彼女は右手の平を広げ、しげしげと見ていた。彼女が見ている手の平を覗くと、非常に珍しい手相をしていた。私は思わずそのことについて話しかけようとした。すると、彼女が私の方を見て大きくうなずいた。思いがけないことをしてきたので、私はドキドキしてきてしまった。５、６回話しかけようとしては、彼女が大きくうなずくということが繰り返されているうちに、電車がホームに入ってきてしまった。彼女は、スッと立ち上がり、ホームを歩き出した。私が「行ってしまうのかな?」と思ったら、彼女は私のことをチラッと振り返った。私はついてこいという意味だと思って後を追った。すると、彼女は、私が（彼女も）降りる駅の階段の位置に合わせた辺りのところにあるドアから電車に乗った。私も後に続いて乗り、彼女のそばに立った。私はこのとき、心の中で色々なことを真剣な気持ちで聞いたのだけど、彼女はそこまで話すつもりはなく、軽く言葉を交わすくらいのつもりでいたようだった。でも、私が心の中で「魂」と思うたびに、パッと私の目を見ていた。これがどういう意味だったのかは分からない。

彼女は私と話をするのを止めることにしたのが表情から見て取れたのだけど、私はそれでも話しかけてみようとした。駅を降りて、階段を上り、改札を出たところで話しかけるつもりでいた。ところが彼女は改札の手前のトイレに入ってしまった。私も追って入ると、彼女は私の様子を見ながら、タイミングを外して外に出た。その外し方がとても美しかったのが今でも忘れられない。このことは、美しいとはどういうことなのかという基準を改めて考える機会になった。余計なものが何も無く、愛に満ちた行動をするというような状態だったと思う。

そして、私はこの時点で話しかけるのを断念した。非常に残念だった。彼女が車道を渡って向こう側の歩道を歩いて行くのを目で追いながら、自転車置き場へ向かった。このとき、彼女はチラッとも降り向かなかった。でも、私が自転車に乗って数十ｍくらい走ったところで「軽率すぎる‼」という怒りのテレパシーがバシッという感じで届いた。どうも周囲の人におかしいと思われないように非常に気をつけていたようだった。私はその日の夜、寝るときに、「ごめんなさい」と何度もテレパシーを送った。すると少し反応があった。でも、それっきり彼女と会うことは無かった。

後日、仕事帰りの電車の中で、彼女のことを思い浮かべていたら、両足がスースーしてきて、肉体の感覚が無くなってしまったことがあった。全身に広がっていきそうだったけど、電車の中だったので、自分の意志で止めてしまった。あれは何だったんだろう。

UFO関連の夢（1）

1998年1月22日に見た夢。

町中に雪が積もっている。雪が降る中、悪いものを駆逐する祭りが行われている。悪い行動をする男が一人いる。男性のコンタクトマンが、この祭りと悪い行動をする男を指導している。コンタクトマンは黒い傘をさしている。道の交錯するところに悪いものがたくさん（10～20個くらいだったと思う）、ゴミの山のように落ちていて、コンタクトマンがそれを拾って綺麗にするように人に指示している。

場面が変わって、超高層マンションの最上階の真ん中辺りに私の住居が有る。この男性のコンタクトマンと暮らしているようだ。部屋が3つ有り、テレビとスピーカーが繋いである。他にも最上階の端に1つ住居が有り、もう1つスピーカーがあった。このマンションの廊下から空を見上げると、左の方から黄色いライトをつけたUFOが飛んで来て1つずつ消えたと思ったら、水色、赤、黄色と次々についていては消えたり形が変わったりする。急に一本、棒状のものが翼のように開く（次頁

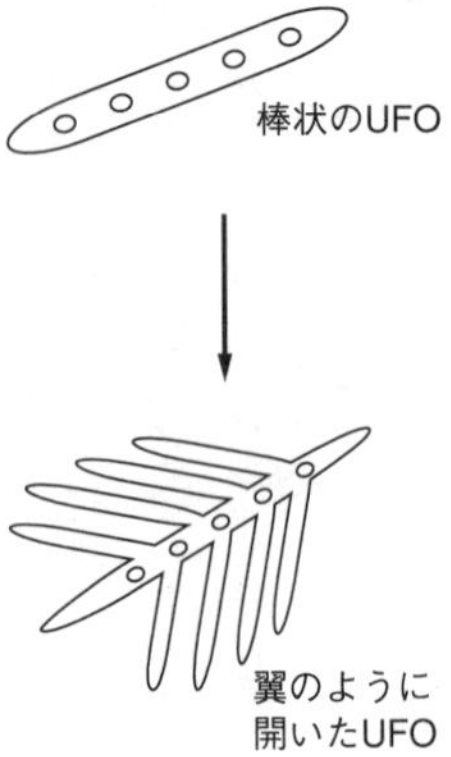

図参照）。町中の人が道から見上げていて「あれはＵＦＯじゃないの？」とか「ＵＦＯだ！」と言っている。私は、真上に来たときに、ＵＦＯの中心に向かって「おーい！（宇宙の友人たちよ）」と声をかける。

ＵＦＯが鳥のように舞うように飛んで、向かいの超高層ビルに隠れて消えたとき、男性のコンタクトマンがスピーカーを持って帰って来る。私が「ほら、ＵＦＯだよ」と言うと、男性のコンタクトマンは何もかも分かったような顔をしてうなずいていた。彼の背後に夕焼けが見える。

一番気になったのは、道の交錯するところにある悪いもの、である。多分、人生の岐路を選択するときのことを言っているのではないかという気がする。次に気になったのは、スピーカー。オイカイワタチで言うところの、大洪水が来る前にたくさんのＵＦＯが地球全土に飛来して、（他の惑星へ移住するので、ＵＦＯに乗る人は）どこそこに集まって下さいとスピークするらしいという話を思い出してしまう。いや、「本当にそんなことが起こるのか？」という気持ちは有るには有るのだけれど……。でも、オイカイワタチの『宇宙からの黙示録』という本を１９９９年の初夏の頃に本屋で見かけたら25刷になっていた。確かあの本は出版後20年くらい経っていると思うのだけど、それでも25刷というのは、意外にたくさんの人が、あの本の内容に関心を持っているということではないかと思うのだ。地球の未来に危機感を持っている人は意外に多くいるのかもしれない。

ＵＦＯ関連の夢（２）

・１９９8年1月30日に見た夢。

子供だけが5、6人いる部屋の窓から夜空を見ている。青と赤の光を長い間、点滅させているＵＦＯがいる。

声をかけると近づいてくる。青い四角い箱で、レンズが付いていて望遠鏡のようになっている。そのレンズの部分が目で光を放っている。私のところまで飛んできたそのＵＦＯを見て、私は嬉しくて抱きしめてしまう。もう１つＵＦＯが飛んでいて、声をかけたらまたこちらに来た。

部屋の中に明るい顔をした男の人がいる。頭にＵＦＯをかぶっている。左目だけ表に出ている。私が「金星系の方ですか?」と聞くと、「そうです」と答える。鼻に紙を丸めた長いものを付けている。

子供たちは皆おとなしかったけど、びっくりしていた。

また青と赤の光のついたＵＦＯが出て来たけど、意味が分からない。青系、赤系の意味だろうか。部屋の中にいた男性は、ずっと後に見た夢の中にもまた出て来た。いつも微笑んでいて明るい顔をしている。

・1998年2月2日に見た夢。

原始の地球にいる。文明というものはまだ地球のどこにも無いようだ。夜で、森と森の間にある砂利道にいる。

そばに3人ほど大人がいたようだ。私だけ白い服を着ている。空に白く光るUFOが飛んでいるのが見える。

他の人には見えていないようだった。私とUFOで何か簡単な交信をしているようだった。

本当に原始の地球だったのだろうか。私はそんなに昔から地球と関わってきているのだろうか。もちろん夢の内容が事実かどうかというのは、分からないのだけれども。

40歳くらいの声をした女性宇宙人

1998年5月19日の夜から20日の朝にかけて、夜空の或る一点から、40歳くらいの上品そうな女性の声が、夢の中でずっと聞こえてきていた。

半眠状態だったようで、何度か声のする夜空の一点を見た覚えがある。「自分の中の光をもっと出しなさい、光で行きなさい」というようなことをずっと言っていた。しかし、どうしたらいいのかさっぱり分からなかった。

思えば、太陽の声は、私には10代前半くらいの女性の声に聞こえるので、この太陽系は、宇宙の中では若い部類に入るということなのかもしれない。

そして、この20日の朝、鏡に向かってコンタクトレンズを付けていたら、鏡の左側の壁から、「結ばれよ」という声が聞こえてきた。壁からというよりも、壁のあるところに存在する空間領域のようだった。というのは、一瞬、何も物質的なものが見えなくなり、ただの空間が見えたからだ。しかし、そこは普段肉眼で見ると、鏡の左側の壁であったところである。

そして、この20日の日、どこかのお寺が火災に遭って、愛染明王の像が外に運び出されたのだが、その際に右手の指を欠損してしまったということがあった。愛染明王というと、清らかに愛情を高めていけば、高い次元での理想的な愛の形を作っていける、という教えを授ける神様なので、なにか「結ばれよ」に通じているものがあるような気がする。ともかく、なんだか分からないけれど、この40歳くらいの声をした女性宇宙人らしき存在が私に関わってきた。

そして、後日、休日に昼寝をしていたときに、この女性が部屋に姿を現した。この女性ともう2人の女性（だとなぜだか分かる）が、真っ白な人の形をしたボーッとした姿をして、寝ている私のそばで楽しそうに笑っていた。私がその当時悩んでいたというか、気にしていたことに対して、そんな風にとらわれているのが可笑しくて仕方が無かったようだった。宇宙人というのは、地球人の感覚からすると、もう随分さばけているということなのかもしれない。あと、3人の女性の背後に、姿は見えなかったけれど男性が1人いたように感じた。なんでこんな経験をして色々と感じ取れるようになってしまったのか。よく分からないままに、その後も色々なことが起こるようになってきてしまった。

太陽の予言

1998年の6月に、もうNifty Serveでの書き込みはやめようかと思っていたときに、太陽の声で叩き起こされたことがあった。「人類は滅亡するんだよ!」と言っていた。その声を聞く直前に、私は夢を見ていて、誰かに、「あと3、4年だと思う」と言っていた。私は夢の中で占い師になっていた。太陽の声で起こされた後、「地球規模の大洪水が起こる」と聞こえた。そしてこの夢を見た年の夏は、中国で大規模な洪水が起こった。確か、韓国や南米でも大きな洪水があったと思う。この数十日後のことを太陽は言っていたのかもしれないが、あと3、4年というのも合わせて考えると、数十日後のことと共に、3、4年後のことも言っていたのかもしれない。とすると、2001年か2002年だ。

その後もたくさんの洪水関係の夢を見た。本当に起こるのかどうかは分からないが、起こるとすれば大変なことだ。洪水に関して色々と追求して行ってみようとこのとき思った。

見せられた夢

1998年7月8日に見た夢である。

夜中にこの夢を見たあと、目を覚まし、メモをして、「これは地球の災害後の夢かなあ……」とあれこれ考えて、また眠ると、40歳くらいの声をした女性宇宙人が夢に出て来て、「何をあれこれ考えているの？　会議室に迷わず書きなさい」とニコニコと楽しそうに言っていた。そういうことを意図していたようだった。結局、会議室には書いたのだが。まあ、ともかく変な夢だった。

2人の女性が地下の暗いトンネルの中にいた。下水道のような感じ。トンネルの奥の方に何人かの男女がいたけれども、行方が分からなくなった。トンネル道の中で、坂を下ったところの側壁にマンホール状の丸い扉がある。2人の女性（1人をA、もう1人をBとする）のうち、Aが「もう大丈夫だ。皆一緒に助かろう」と扉を開ける。中は明るくて、黄色いヨットパーカーを着た男性が1人出て来る。しかし、他の中にいた人たち（全員男性）は皆、手に棒を持っていたので、Aは急いで扉を閉めてしまう。扉は鉄で重そうなのに、簡単に閉めることが出来、外からカギをかけると、カギやその周辺に様々な色が浮かび上がり、とても綺麗でAはびっくりする。黄色いヨットパーカーを着た男性は、手に棒を持っていなかったけれど、AとBに対し、「SEXをさせてくれ。いいじゃないか。もうどうせ死ぬんだ」と半狂乱になっていて、AとBが拒否し、説得しても耳を貸さなかった。

そのうち、黄色いヨットパーカーを着た男性は、小柄なBに襲いかかろうとし、Bは泣き出してしまう。そこでAが「私がさせてあげるから」と仲裁に入る。

次の場面では、死んでしまったのか、トンネルの奥に行ってしまったのか、どうしたのか分からないけれども、黄色いヨットパーカーを着た男性はいなくなっていた。とにかく、食物が無く、AもBも何日も食べていなかった。2人とも、何かから隠れながら助けを待つために、トンネルの天井にへばりついていた。自分たちの位置が分かるように、髪の毛を切って束にしたものを、真下に置いておいている。

何日も経ち、意識が遠くなって、もうダメかと思ったときに、トンネルの天井の一部に穴が開き、光が差し込む。上に4、5人の男性がいて、1人の初老の、灰色の作業服を着た男性がトンネルに降りてきて、髪の毛を見つける。

実はトンネルと上部の外界とを隔てる天井部の壁は非常に薄い状態なのに、トンネルからは外の様子が見えないし、聞こえないし、感じられず、出口も分からない環境だったということが、夢の最後に示されていた。

私は最初、この2人の女性は見つけられて助かったのだと思い、Nifty ServeのUFO会議室にもそう書いたけど、今は死んでいたのではないかと思っている。天井にへばりついていたのは、霊体になっていたからではないかと思うのだ。そして髪の毛は遺髪のことではないだろうか。何日も食べていなかったわけだし、それで天井にへばりつくことも出来ないだろう。どういうことかという

と、そのときに地球の地下に潜っても助からないという意味ではないかという気がする。しかし、肉体は助からなくても、成仏は出来るということを意味してもいるようだけど。

この少し前、6月23日には、太陽に「地球規模の大洪水が起こる」と言われていた。そういう、銀河系規模のシフトに関して(あるいはそれが銀河系規模だと分かる経緯に関しても)、2人の女性が主役になる夢をその後も何度か見るようになった。読む人には内容的にキツイものがあるかもしれないけれども、ともかく起こったことをそのまま書いて残しておこうと思っていた。

新世界への移行

1998年7月16日の未明、突然、2人の宇宙人が私のところにやってきた。

この日は、インターネット上の宇宙人関係の幾つかのホームページで、日本に津波が来るとされていた日だった。

夜中に眠っていると、突然、大騒ぎをしている宇宙人が部屋の中にいた。気がついたときには、私の胸にベッタリと貼り付いていた。そして、私が剥がそうと思念すると剥がれるのだ。「わっ、剥がれるんだ」と一瞬びっくりして剥がすのを止めると、またくっついた。それでまた剥がそうと思念すると剥がれた。剥がすとき、痛かったのだけど、向こうも痛がっていた。しかし、かまわずベリベリーッという感じで剥がしてしまった。

剥がれるとその宇宙人は、パーッと離れて、クルッと左回りに一回転して、その後、空間に縦に黄色くできていた裂け目に入って消えてしまった。その間、彼の思いが伝わってきて、色々なことが分かった。今回のシフトに自分が乗れないことを分かっていて苦しんでいたのだ。霊的な次元では先に分かっていたのだろう。

どうも、今回のシフトは地球だけのことでは無い様子であった。この宇宙人は神になろうとしていた。神を権力だと思っていた。苦しんでいたのは、心の底では権力志向は間違っていると気づいているのに認められなくて、突っ走っていたからだった。それで愛情や助けを求めて来ていた。彼が去った後、人間が彼に愛情を持てば助けてあげられるかもしれないと思った。すると、胸にドーッと暖かいものが流れてきた。

「あーっ、驚いた」と思うのも束の間、すぐにまた別の宇宙人がやって来た。小さな、長さが10cmくらいの雲のような感じのもの（小型円盤なのでしょうが）に乗って、物凄いスピードで遠くの宇宙から飛んで来たようだった。私の寝ているすぐ左側に来て、ゲラゲラ笑っていた。私は、怖くてはっきりと見なかったのだけど、雲に乗って飛ぶ孫悟空のようで、猿の宇宙人？ と思っていた。何か悪ふざけの好きな存在のようだった。私を苦しめようとしていた。それで、このときどうしたものかと思ったのだけど、試しに若い頃から関わり始めた大きな神と繋がった感覚に入っていくと、その宇宙人がギャーッと叫びながら、私の体の中に吸い込まれていった。

そのとき、周囲に2体の浮遊霊がいて、同時に私の体の中に吸い込まれていった。普段は浮遊霊の存在を感知していないのだけど。このとき、先の、胸に貼り付いた宇宙人のことを思い出して、愛情を向けると、女性の声で「満たされました。ありがとうございました」と聞こえてきた。でもこれは多分、浮遊霊の方の声じゃないかと思う。

もう、突然のことでびっくりして、しばらく眠れず、起こったことを考えていた。

しばらくして目をつぶると、今度は、まぶたの裏に、金色の目がたくさん浮かんでいて私を見つめていた。これは金色と言っても淡い優しい感じの色合いだった。それでこの金色の目玉が私を助けてくれたのだと思った。しばらく見ていると、真ん中の大きな目玉の向かって左側の白目（しかし金色）の部分に、寝ている私の姿が映っているのに気がついた。これは……今書いていて気がついたのだけど、私の目の中に金色の目玉があって、金色の目玉の中に私がいたことになる。ということは、あの目玉は宇宙人だと思っていたけれど、私自身というか、内なる神だったのかもしれない。

あの2体の宇宙人も新しい世界へ移行できるようにお祈りをしよう。

全てを神に託して。

胸の波動（1）

かの宇宙人は、なぜ私の胸に貼り付いたのか……。

ヒューマノイドと外で会うとき、胸がスースーする波動を出してくる。そして、私の胸もスースーした感じになってから、一言アドバイスをくれるという過程を辿る。初期の頃はそういうことは無かったけど、近年はそういう傾向になっている。胸の波動についてのホームページなども覗くと、胸というのはとても大事なところなのだということが分かる。

ポールシフトの夢

以下はNifty ServeのUFO会議室に1998年の7月19日に書いた内容である。それまでに見た3つのポールシフトに関する夢だ。

1つ目は1992年、2つ目は88～90年の頃、3つ目は79～82年の頃である。

1、その頃住んでいたマンションの北の部屋の窓から外を見ていると、マンションの上を南から北へゆっくりと巨大なカブトムシが飛んで行くのが見える。カブトムシの首には、空から垂れ下がった半透明の紐がくくられていた。なにかとても悲しそうで、ゆっくりと北へ飛んで行っていた。10メートルくらいありそうな巨大さだった。実際には無かったのだけど、夢の中ではマンションの前に大きな土手があった。そして、その土手の向こうから私の子供が歩いて帰ってきた。子供は、中学生の格好をしていて、上はYシャツだけしか着ていない。春から秋にかけての時期だろうか。私の年齢は、40歳くらいだった。子供が帰ってきて、カブトムシが土手の向こうに消えると、私の住んでいたマンションが突然、北へ90度傾いてしまった。窓にいた私は、目の前にいきなり地面が来て驚いている。左のずっと遠くの方に見える山に当たる陽の加減で、午後の3時頃なのだと分かる。

2、うんと小さい頃に住んでいた家、神様が憑いていたような家に住む前の家の北の部屋から外を見ていると突然、北へ90度傾いてしまう。左のずっと遠くに富士山が見えて、山に当たる陽の加減で、この夢では、午前8時頃なのだと分かる。

3、自分が海の上で生活をしている。そこは東京で、高層ビルだけが海水からニョキッと顔を出している。何故か、8階まで没していると分かる。東京が海になってしまっているようだったけど、意外にもたくさんの人が助かっていて、何か大きないかだのようなものの上で生活をしていた。皆、お互いに助け合おうという気持ちでいっぱいで、こんな状態にもかかわらず、非常に和気あいあいとしている。私は他の人と一緒に、食物を探しにゴムボートに乗って出かける。途中、海に入って泳いで遊んだりしている。時間は昼頃で夏だった。

1の夢を見た頃、子供が私のお腹の中にいた。性別はまだ分かっていなかったのだけど、実際に産まれてきた子供は、夢の中の子供と同じ男の子だった。つまり、産まれる前に、お腹の中の子は男の子であることを予知していたのである。私の予知夢の特徴は、夢の中の出来事が1つ1つ現実になっていくことなので、男の子が産まれた時点で実際にポールシフトが起こる可能性が高くなったと思った。

土手の向こうから、まだ産まれていない私の子供が歩いて来たということは、土手の向こうは産まれる前の世界（あの世）なのではないかと思う。よく、川の向こうとかで象徴されているが、この夢では土手の向こうとして象徴されていたようだ。このあの世へ、巨大なカブトムシが消えて行った。カブトムシというと、昆虫類の王様のような存在でそれが巨大なものだから、自然界の生物の代表者のようなものだったのかもしれない。そうしたものたちの死を意味するのだろうか。

実際に私の子供が中学生になる時期は、２００５年の4月から、２００８年の3月までになる。数年前に引っ越して来て今住んでいる家の玄関を背景にして、子供が中学生になって家に帰って来た夢を見たことがあるのを、この内容をホームページに書き込む数ケ月前に思い出した。でも、この夢はそのときから遡って5、6年前に見た夢だと思うので、もしかしたら、子供が中学生になるまでは起こらないかとも思うけど、もっと早い時期として入っている情報の方が新しく、可能性が高いのではないかと思う。後々詳しく書いていこうと思っている。

2の夢は、独身の頃に見た夢である。1と同じ北へ90度傾くという内容であるが、時間帯が違う。3の夢は、高校生の頃に見た夢である。非常事態でも和気あいあいとしているのは、伝え聞く、神戸の震災後の様子と似ているなと思う。

新しい星

1998年8月3日のことである。朝方、ヒシヒシと胸騒ぎのように感じるものがあった。このしばらく前から、私は疑問に思っていたことがあった。それは、今回ポールシフトがあったとして、生き残った人たちで地球を再建させていくにしても、再び自然や他の生物（人間も）を破壊する方向へ行ったのなら、また同じことなのではないかということだった。

私は時々、何日も気になっている事柄や人物に関して、後日夢で回答と思えるものをもらうことがあるので、このときもその一種だったのかもしれない。

それで、胸にヒシヒシと感じた声無き声の内容は、「今度の地球は、再び大掃除を繰り返さない、いい状態の星にするので、そういう人しかいない星になる」ということだった。また、このことはとにかくとても重要なことだと、今までに無いほど強く感じた。特に「いい状態の星にする」という言葉には、強い意志のようなものを感じた。

再び大掃除を繰り返さなくていいほどに、心の綺麗な人ばかりが残るということだろうか。やはり厳しい世界になりそうであるが、明るい未来を想定し、前向きに生きて行きたいものだと思う。

大まかな未来

Nifty ServeのＵＦＯ会議室で、１９９８年の８月９日にＵＰした内容である。

この頃、５、６回似たような夢を見ていて、なんだろう？　と思っていた。どれも、おぼろげでよく覚えていないのだけど、微妙に違う２つの情報が同時にもたらされるという内容だった。１つだけなんとか覚えているのが、「50―1と50―2」（もっと長かったような…）といった数式だった。

自分では「大まかなことは決定しているが、細かいことは決定していない」というような意味だと思っていた。さらに、なんだろう？　と思っていたら、学校（地球？）内で葬式が行われているという夢を8月4日未明に見た。

1ケ所は、ろうそくが明々と灯り、綺麗な飾りがあった。弔いに出かけた私を、2人の女学生（学制服を着ている）が、何故かニコニコした顔をして迎えてくれた。その葬儀場に面した私から見て、右後方にもう1ケ所葬儀場があるのに気がつき、「行こう」と思ったところで、次の場面では2ケ所目の葬儀場から帰る、私の姿が見えた。急な階段を下って行くところだったのだけど、その先は真っ暗だった。

地球がある一定の学びの期間を終えるということなのだろうと思う。そして、シフトアップの方向とシフトダウンの方向があり、シフトアップの方向には「2人の女性」というのが内容を示す鍵になっているようだった。この2人の女性は、「見せられた夢」にも出て来た女性のように、1人は背が高く、1人は背が低かったのであった。

1998年10月の異変

それまでは、数年に1回というペースで見ていたUFOを、1998年の10月には2回目撃した。1つは、会社の帰りに電車に乗っているときに見た。黒いものが山の少し上のところにポツンと浮かんでいた。遠目だったので、形状は分からなかったが、とにかくじーっと動かずに浮かんでいた。

もう1つは、夜、車に乗って近所に出かけたときに見た。縦長のオレンジ色の光が夜空に浮かんでいた。私がそれを見つけると、ゆっくりと下から消えて行った。これは、今思うとシフトアップのことだったのかもしれない。

あのときは、これから起こることについて何も知らなかったので、意味の考えようが無かったけれど。また、このことをNifty ServeのＵＦＯ会議室に書き込んだ頃に出た『ムー』にも、１９９８年10月に目撃されたＵＦＯのレポートがあった。何か奇妙な形をしたＵＦＯだったと思う。これで、ますます「おかしいな?」と思ったことで、このことをNifty ServeのＵＦＯ会議室に書いてみたら、その後色々なことが起こり、色々なことが分かってきたのだった。

夢に現れたミドリマナミ

１９９８年といえば、平成10年でもあった。その年の10月に2回ＵＦＯを見たわけだ。「10」という数字にしろ、ＵＦＯの目撃にしろ、ダブルできている。それだけ何か意味するものがあったのか。私が見る夢の中での「10」という数字は、「準備が整って次の段階に進む用意ができた」という意味なのだが……。

１９９９年の1月23日に、このことと関係のありそうな夢を見た。

電車に乗っていると、とても美しい女性がいる。黄色いトレーナーにＧパンをはいている。私に優しく色々と何かを説明してくれている。内容は全然覚えていない。彼女は赤ちゃんを抱いている。私にはその子が地球なのだと分かる。まだ乳飲み子くらいで、前の年の10月に生まれたとすれば、ちょうど、月齢的に合うくらいの感じだった。

その後、私が公民館の1室のようなところにいてテストを受ける場面になる。テーブルに試験官のような人がいるが、男とも女とも判断がつかない。そして、先ほどの女性が私の後ろにいる。白装束を着ていて、頭に白い鉢巻きをし、ろうそくを2本立てている。例の「丑《うし》の刻参り」の格好である。嵐が吹きすさぶような、物凄い迫力のある雰囲気を出している。

ふと見ると、私の目の前のテーブルの上に、「ミドリマナミ」というカタカナ文字が空中に浮かんでいる。彼女の名前らしい。宇宙連合SEの関わっている宇宙人で、地球を司っていると言われている存在である。Fとは、多分、或るコンタクトマンのことではないかと思う。とりあえず、私は、彼言っている。Fとは、多分、或るコンタクトマンのことではないかと思う。とりあえず、私は、彼より優れているかいないかということよりも、ミドリマナミの言っていることは、一体どういうことなのかということを考えたいと思っているが、一応、夢の内容を正確に明かそう。

それで、素直に考えれば、宇宙人はコンタクトマンに特定の任務を託しているということなのだと思う。ひねくれて考えれば、お世辞を言って心を開かせて思うように動かしてやろうとしているのかもしれないのであるが。

それで、テストの方だが、テーブルには私の他に3人ほど人がいた。チャネラーとしてのテストだったようだ。最終的に私1人が残って、さらに私の能力を見るために、もう1度テストを受けた。結果が出る前からOKだということが何故か分かっていたのだけれど、やはり合格であった。

その後、私はベッドに寝かされた。そしてミドリマナミが私の左頬についている強い汚れを指先で引っ張って取ろうとしていた。このとき、以前に私の左胸に汚れがあったのを自覚するような夢を見たのを、この夢の中で思い出した。どうも、夢の世界には、夢の世界としての時間というか、経験、経過というものがあるようだとこのとき分かった。

ミドリマナミは「子供には必要無い！」と叫びながら、この汚れを私の右の方へ引っ張るのだけれど取れないので、私の額の中央に指先を当てた。すると、ボーボーと火が燃え出して煙が出た。でも、ちっとも熱くない。私は目をつぶりながら、「じーっとしていよう」と思っていた。するとつぶっているまぶたの裏に目が写っていた。火はすぐに消えた。「あれ、これでもう汚れが取れたのかな？」と不思議に思っている私を、ミドリマナミがチラッと見た途端に突然、目が覚めた。目を覚まさせられたような感じだった。とてもリアルで現実のような夢だった。

私は、この夢の後、彼女が抱いていた地球は、すでに新しく生まれているのではないか、そして、新しい地球に沿った生き方をする必要があるのではないかと思った。必要があるというか、そういう時代になってくるのかもしれない。

ミドリマナミと10の意味

その後、Nifty ServeのＵＦＯ会議室で、ミドリマナミはどんな容姿だったのかというようなことを聞かれて、その内容を書き込んだ。

まず、名前もそうだけど容姿も日本人であった。茶髪で、サイドを大きく巻いたように後ろに流していて、前髪も丸くふくらみをつけて垂らしていた。あのマリアンの顔をもう少しシャープにして、黒目にした感じ。目が大きくて鼻が高くしっかりしていて、口も大き過ぎず小さ過ぎずという感じだった。

また、色々と考えて気がついたのは、１９９７年の10月に母船スーサの夢を見ていたけれど、最初に空に浮かぶＵＦＯから緑色の小型円盤が出てきている。これは「ミドリ」マナミを象徴しているのかなと思った。あと、そう言えば子供を妊娠してから産まれるまでの期間は、10《と》月《つき》10《とう》日《か》である。この場合の１月は28日で換算されているけれども、やはり10月に新しい地球が生まれているということに暗号のようなものを感じる。

浄化には水と火があるらしいが、ミドリマナミは火で汚れを取ろうとしていたようだ。額の中央は、「第三の目」とも言われているが、私が目をつぶっている間にまぶたの裏に見えた「目」と何か関係があるのだろうか。第三の目を浄化しようとしていたということは、どうも、物事を本当に見通すということが重要だということを示しているかのように思える。額の中央は、気の入り口だと聞いたこともある。ミドリマナミは、そこを燃やして私の中の汚れも燃やしてしまったのかもしれない。

銀のシンクロニシティ

その後、翌月2月10日の夜に(またもや10だ)、何故か急にカーテンを全開にして眠りたくなる衝動に駆られた。それで、レースのカーテンも全開にして横になり目をつぶると、まぶたの裏に銀の輪がたくさん落ちてくるのが見えた。銀色には見えないのだけど銀色だと感じるというか、それが縦になったものがたくさん落ちてくる……。そうしたら、翌日の夜に夫が銀製のネックレスを突然プレゼントしてくれた。普段はこんなことはしないのだが。「ああ、銀の輪だ」と思ったのだけど、どうもまだしっくりこない。「銀」というのは何を意味しているのだろうと思った。

このネックレスは鎖状のものではなく、玉で繋がっている。１９９８年の10月にたくさんＵＦＯが目撃されて騒がれたところがあった。東京の多摩地方である。私も八王子の勤め先から中央線で帰る途中に山の上に浮かんでいるのを見た。多摩＝玉かな？　とは思ったのだけど、どうもそれ以上、インスピレーションが湧かない。目撃が多発していた国分寺から日野にかけての多摩地方には、境に多摩川が流れている。また、「国分寺」という地名は、全国的にかつて関所だったと聞いたことがある。そういう、川を越える、関所を通過するという意味があるのかもしれない。

そして、銀色そのものについては、ＵＦＯ会議室のＰさんという方の書き込みから、もしかしたら銀河のことを意味するのではないかと思った。つまり、今回のシフトは銀河系規模のものだと知らせてきているのではないか……。

それから、2月9日に出たばかりの『anemone』のお便りコーナーに、平成11年の11はトウイツを意味するのではないかと書かれてあり、私にはこの意見に何か感じるものがあった。そして2月の11日には、いつも天気が良かったのに、首都圏では突然大雪になった。この日は、20年ぶりに冥王星が海王星の軌道の外側に出て元通りの軌道に戻った日でもあった。私は冥王星は氷の天体でもあるので、この日の大雪と関係があるのではないかと思った。2月11日は建国記念日だけど、そういう新しい地球ができるということを意味するのかもしれない。

冥王星は1995年の11月11日に射手座に移動した。射手座は遠い世界、深遠な思想も意味するけれど、宇宙も意味する。以前は遠い世界として外国を意味していたけれど、現在では宇宙も意味するようになった。

夢で見ていたコメント

その後、銀の輪に関する私の書き込みに対して、Bさんからコメントがあった。Bさんは、霊感の強い方なのだが、やはり多摩は玉だと思っているということだった。そして、Bさんは他の人から聞いた話として、関東には2ケ所活断層の無い場所があり、その1つが八王子だということだった。また、「銀」というコードは、宇宙全体のシステムアップを図る際に立ち上がるスーパーコンピューターのようなものだそうだ。銀河系は中心から左回りの渦を巻いているけれども、これは、ホツマツタエでいうと、天を表す「ア」の字の形（178ページ参照）になるところが面白い。

また、このときのBさんからのコメントを読んだときに思い出したのだが、このときの2、3年前に、誰かからコメントをもらった夢を見ていたのだった。その内容が、八王子について書かれているもので、その文章の上の行に水色のイメージが乗っているというものだった。そして、ちょうどこのときのBさんからのコメントは、八王子について書かれてある行があり、その文章の上の行には、水色をイメージさせる、多摩川についての記述があった。

だから、Bさんからのコメントは予知夢として見ていたもの＝重要な内容であるということだと思ったのだった。

銀の夢（1）

1999年2月15日の未明に、銀に関係する夢を見た。

銀髪の痩せた鬼が出てきた。顔も体も真っ白で、迷彩色っぽいパンツもうっすらと白色がかっていた。じゅうたんの敷いてある、あまり物の置かれていない暖かい部屋で、2つのドアを通して廊下と部屋をぐるぐると私ともう一人の女性を鬼が追いかけていた。左回りだった。その後、私だけ廊下の突き当たりのドアの鍵を開けて外に逃げた。左に行ってドアの鍵を開け、右に行ってドアの鍵を開けというのを5、6回やった。

鬼は私の顔のすぐ近くに顔を近づけてきて、ガァー！　と叫んでいた。捕まらないうちに夢が終わった。


この夢を見て、銀髪は銀河のことを意味するのだろうと思っていた。今まで似たような、龍や蛇に追われるような夢を何度か見たことがあるけれど、この夢が1番怖かった。

これも、Bさんが私の見た銀の輪についてコメントする以前に見た夢なので予知夢だったのかもしれない。というのは、Bさんは私が銀と呼ばれるコードとアクセスしたようだと書かれていたからだ。そうすると、八王子と水色のイメージのコメントをもらう夢と、この銀の夢が予知夢としてダブルで来たということで平成10年10月の10ダブルに繋がってくるのではないかと思った。

今回の銀にしろ、今までの龍や蛇にしろ彼らから逃げていたのは、あまりにもエネルギーが強いので自我を見失いたくないということだと自分では思っていた。だから鍵を開けて外に出たのではないかか。でも、どうもそれまでの流れから言っても、夢に彼らが出現すること自体が、すでにアクセスしていることになっているようで、視界には入っているということなのかなと思った。

この頃、ひどい虫歯があって、前歯も奥歯も詰めていた銀もろとも、歯が大きく欠けてしまったことがあった。鬼の髪が銀で、顔と身体が白かったのは、「歯」のことも象徴していたのかもしれない。痩せていたのは、欠けて痩せてしまっていたからかな？　と思ったのである。しかし、歯のことだけだったら、単に個人的なことが夢に反映したのではないかと思ったかもしれないが、他のこともあったのである。この歯を歯医者で治療した帰り道の途中に、今まで見たことの無いタイプのＵＦＯを見たのだ。

見つけたときはオレンジ色で縦長のものだった。でも、微妙に下方が細かく曲がっていて、針金のような印象を持った。この後すぐに点状になった。ゆっくりと音も無く遠ざかって行ったのだけど、数秒見ていたら透明になった。でも、見えるのである。太い輪郭もはっきりと。なにかアメーバのような透明さで、でもうっすらと光が内在しているような感じだった。とても優しい感じもした。あと、なぜか立体的に見えた。側面が台形で、上面より下面の方が広い形であった。

その後、消えてしまったが、透明なのに立体的に見えたのは、異なる次元が3次元に現れてきたというメッセージなのかなと思ったのだが、今思えば非常に重要なメッセージを含んでいたＵＦＯだったのではないかという気がする。まず、縦長のオレンジ色のＵＦＯというのは、平成10年10月に見たＵＦＯと同じだ。このとき見たＵＦＯは下からゆっくり消えて行った。後にシフトアップを意味していたようだと分かったが、歯医者の帰りに見たＵＦＯは下方が細かく曲がっていた。シフトアップする前の下方レベルで紆余曲折があったということを意味していたのではないだろうか。

その後、宇宙人とのチャネリング＆コンタクトグループであるオイカイワタチからの封書の通信があった。ワンダラーの一人が、赤いトマトが熟している夢を見たそうだ。オイカイワタチの示すシフトアップが実現されるということなのかもしれないと思った。

あと、台形の意味がずっと今まで分からなかったのだが、これはここを書いている最中に歯のことだとピンと来た。そう言えば、「歯」は「波」のことだという話もある。つまり、歯を治療して新しく変えたように、波動も新しく変わるということだったのではないか。

また、夢の中では、同時に女性が2人登場していた。この2人の女性というのは、1998年の夏辺りから見ていた、一連のシフトに関する夢によく登場していた。当時は背の高い方と、低い方といたけれど、それは背の高い方がより成長しているという意味だとその後分かったので、もう背の高低を夢の中で象徴しなくなったようだった。

それで、2人という意味は、年月の10ダブルとか、予知夢のダブルとかが来ることでそのものを強調するという意味なのではないかと思った。女性性を強調することがシフトアップに繋がるということではないだろうか。シフトアップだからやはり高度な女性性のことだろうか。

そういえば、鬼から逃げるときに左のドアから開けて逃げていた。左は女性性を表すのだが……。

銀の夢（2）

その後、西洋占星術上の月のサイクルについて考えた。西洋占星術では、出生してから1ケ月後の運勢は、出生したときの月の位置から1度足した位置に月が移動したものとして運勢を考える。そのようにしていくと、ホロスコープを一周するのに、約28年かかる。

この月のサイクルについて、占い師の松村潔氏が雑誌で「月は宇宙における女性エネルギーの代表である」と書かれていた。女性の妊娠月数が28日換算であるように、月のサイクルも年数だと28年周期なのだ。また、太陽は金色、月は銀色と対置して象徴されることもある。

そう言えば、『銀河文化の創造』という本も28日をひと月とみなす暦の活用法を書いた本だ。

銀の夢（3）

「銀の夢」と後で書く「緑は青ではない」にある夢で見た内容を考えているうちに、五行のことに行き着き、Nifty ServeのＵＦＯ会議室に書き込みをする前日に偶然買ってきた易の本を開いてみた。すると、『中国の思想［Ⅶ］易経』（松枝茂夫＋竹内好監修、丸山松幸訳、徳間書店）の２５８ページに以下のような記述があった。

占筮《せんぜい》の原理

天を示す数は、一・三・五・七・九の五つの奇数、地を示す数は、二・四・六・八・十の五つの偶数である。

天数と地数が組み合わされて五行（木火土金水）を示す。天数の合計は二十五、地数の合計は三十、天地の数の総計は五十五である。この五十五の数が、すべての変化を示し、鬼神（帰伸＝陰陽の屈伸消長*）を表す要素である。
＊屈伸消長…陰と陽とがたがいに消長し、転化し

合うこと。

これを読んで、左、右と5、6回逃げてドアを開けていたのは、この屈伸消長《くっしんしょうちょう》のことだったのかもしれないと思った。ドアを開けるというのは、さらに先に進む、それまでとは違う先の世界へ行くということかもしれない。

それで、まず左にということから、長い間日の目を見なかった女性性に光を当てるということではないか。今度は女性を優位に立たせるということではなく、男女＝陰陽の両方の働きを活用して先へ進んで行くという意味があるように思われた。どうも、易経は宇宙の真理というか法則を表しているようだ。

ここまでの内容をNifty ServeのＵＦＯ会議室に書き込むつもりでワープロに書いておいた夜、天皇と皇后の出会いから今までの流れを追う番組をやっていて、なんとなく見ていた。そうしたら、出会いになった軽井沢でのテニスの国際親善試合でのトーナメントの二人の番号表記が13と20であったという。13と20といえば、今般出回っているマヤ暦の基本となる数値である。13は月数で、20は太陽の紋章の数である。普通、月は女性、太陽は男性に象徴されると思うのだが、トーナメントの番号は、13は天皇で20は皇后になっていた。つまり、男性が女性の番号を持ち、女性が男性の番号を持っていたわけである。そこで、気がついたのだが、易の太極のマーク（１８７ページ参照）が黒い丸（穴）を伴った白い勾玉と白い丸（穴）を伴った黒い勾玉が抱き合わせたような形になっていることが、このことを示しているのではないかと思った。

それで、調べてみたら、このマークは陰陽が生じる以前の、未分化の状態を示しているという。宇宙そのもの、カオスだ。

今では、そういう意識はかなり薄れてしまったけれど、一昔前までは、天皇は神を象徴していた。だから、このマークは神を象徴しているのかもしれない。この天皇と皇后の出会いのテニスのトーナメントの番号が、太陽と月を表す番号だということは、太陽と月が出合うべく同じ位置に来るという新月を象徴しているかのようである。「銀の夢（2）」をNifty ServeのＵＦＯ会議室に書き込んだ後に、このようなことが起こり、「銀の夢（2）」で書いたような月のサイクル（新月から次の新月までが1サイクル）とシンクロニシティしたように思った。

儀式の終了

１９９9年の6月にオイカイワタチの新しい機関紙が届いた。そこには、１９６0年からオイカイワタチのメンバーが続けてきた、新しい地球を誕生させるための世界中でのあらゆる儀式が、１９９8年の9月13日をもって終了したと書かれてあった。私が１９９8年の10月に新しい地球が生まれたように感じていたのは、オイカイワタチでやる儀式が終了したことからくるものだったのだと思う。

これで、ポールシフトが起こることで、地球は物理的にも新しく生まれ変わることになり、大変動が起こっている間は、ＵＦＯが全地球人を金星に一時的に移住させるという計画があるようだ。実際に、金星に行って、それだけたくさんの住居が有るのを見てきたコンタクトマンがいるということがむか～しの機関紙に書いてあったのを覚えている。しかし、彼らの主張としては、肉体でＵＦＯに乗らなくても、霊的には救われることになっているそうだ。最終的に、移住するときが来たときは、世界中の上空にＵＦＯが現れ、どこそこに集まって下さいというアナウンスがあるということらしい。

オープンコンタクトかポールシフトか

１９９９年７月当時、新しい地球に生まれ変わるにあたって、私は２つの未来が用意されているように感じていた。ポールシフトの後に１から魂全開でやり直し始めるのか、オープンコンタクトが始まって、徐々に魂に沿った生き方にシフトしていくのか……。

この頃、駅のホームのベンチで隣に座った宇宙人に、「オープンコンタクトですか？」と聞くと「うん」とうなずき、「ポールシフトですか？」と聞くと「うん」とうなずいていた。まだはっきりとしていないということだったのだろうか。

以前、会社に行く途中、電車が地下に入ったところで、窓ガラスに映った自分の顔を見ていたら、ミドリマナミの雰囲気がジワーッと出てきて、「宇宙連合ＳＥに出来ないことをやってほしい」という声が聞こえてきたことがあった。オイカイワタチは、救世主を否定しているのと、全地球人が肉体的にダメでも霊的に救われることになったというところが、宇宙連合SEの考え方とは違うので、その辺りのことを言っていたのかもしれない。

ポールシフト後の再会

1999年7月21日の朝、ご飯を食べているときに、随分前に見た夢を思い出した。どのくらい前だったのかは、はっきりと思い出せなかった。この夢を顕在意識で思い出したのは、この日の朝が初めてのことだった。

地球に何か大きなことが起こって(具体的なことは分からない)、その後、私はUFOに乗っている。UFOの中には10人くらいの宇宙人たちがいて、私に向かって「よう!」とかなんとか声をかけてくる。もう、お互いに、それまでのことを何もかも分かり合っていて、声を掛け合っているような感じだった。

もしかしたら、ポールシフト後の予知夢の可能性があるので書いておこうと思った。

UFOの目撃

1999年の7月26日の午後6時15分頃、インターネットで「ワンダラー」を検索していたときのことだ。出窓に、ノートパソコンを置き直したら、私の目の前の視線のまっすぐのところに、白く光る小さなUFOが現れた。数秒前に目をやったときは、何もなかった。点滅もしていなくて、ゆっくり遠ざかって雲の中に入って行った。UFOからは、「新しい世界で待っているよ」という声をヒシヒシと感じた。私は、このとき、「新しい地球」と言わなかったのは、もうまるっきり違う世界になるということなのかもしれないと思った。意外に、思ったよりも早く、ポールシフトが起こるのかもしれないという気もした。

ミドリマナミの気持ち

「オープンコンタクトかポールシフトか」をホームページに書き込んだ日の夜から感じていたのだけれど、ミドリマナミが喜んでいるように思う。「宇宙連合SEにできないことをやってほしい」と言われていたことを、私が書いたからではないかと思う。ミドリマナミは、すでに新しく生まれている地球について、すごく気にかけているようにも思う。

大洪水の夢

1999年10月27日の午前5時30分頃に大洪水の夢を見た。

場所は池袋である。見たことの無いところ。体育館のようなところで、夫と子供と一緒に何かをしていた(スポーツだと思う)。体育館は黒いカーテンが閉められていて、電気がついていた。私だけ、先に帰ろうとして、服を着替えて外に出る。

出口からは、長くてゆるい坂を上って地上に出た。その坂を上ったところに、L字型の花壇がある。Lの字の型の右下先端部に当たる花壇の端に、幅広の鉄線でできたカゴを2つ置いておいたので取りに行く。私が行くと同時に、方々から男の人が集まって来る。見ると、カゴは2つとも盗まれバラされて、他の物に作り変えられている。私は、それを見て取り戻すのをあきらめる。たくさんの男の人たちが集まっていて、何か良からぬことをしている。

ここで、急に、地上だったその場所が地下室になる。その広い部屋の中で、電気の配線の切れている箇所が2つあるのが分かる。どちらか1つでも繋げなければならない。私は、剥き出しになって切れている配線の方に飛びついて繋げる。もう1つの配線は、壁の中にあったようだった。他に1人、若い男の人も繋げようとしていたのだが、周りの男の人たちに分かってしまって、阻止されていたようだ。

私が配線を繋げると同時に男の人たちが追いかけてくる。また、同時に大量の水が発生する。私は階段へ向かって走る。階段の横にあるエレベーターにいったん乗るが、ドアが閉まらなくて動かないので、出て、階段を駆け上る。階上に出ると、もう男の人たちは追いかけてこなくなったが、大量の水がどんどん上がって来る。4階の部屋まで1人のおばあさんと一緒に逃げる。途中で、3階にあった毛布を持って行く。水は4階までは来なくて助かる。しかし、途中で出会った人たちは、皆死んでしまった。それは、躊躇したり、何かのためについ戻ってしまったからだった。

ここで、突然、水が発生する直前に時間が戻る。

私がいる建物は小学校で、私は2階の窓から、校庭にいる人に声をかける。おばあさんが2人、草むしりをしている。少し遠くに、私の両親（という設定）の男女が草むしりをしているが、実際の両親と容姿が違っていて、年齢も若い。そのときの私は、もうすでに、何が起こるか分かっていたので、4人に声をかける。「水が来るから、早く上って、早く逃げて」と叫ぶが、肝心なことなのに恐怖で声が出ず、話せない。かすかに「最上階に行った人だけが、助かったんだよ」と声が出て、かろうじて伝わる。

時間が戻る前の洪水で、2階や3階の教室に逃げ込んでいた人たちは、皆死んでしまった。その中には、今私が声をかけているうちの片方のおばあさんもいた。もう片方のおばあさんは、一緒に4階まで行って助かった人だった。

ここで、急に雨が降り出し、それと同時に校庭の向こうから大量の水が物凄い勢いで流れて来る。川の氾濫などというものではない、未曾有の大洪水。

ここで、また突然、この大洪水の起こる前に時間が戻る。私は、今度は、この小学校の校庭の向こうにある門から100mくらい離れた路上にいる。

そこにも小学校があって、私の子供が新入生の1年生3人を教室へ案内しようとしている。いつものことといった感じ。まだ降っていないが、雨が降りそうだったのか、3人の1年生のランドセルに黄色いカバーがしてある。肌寒い気候で、皆長袖のシャツを1枚着ている。

私は、自分の子供と3人の1年生や周りの子供たちにも、「水が来るから逃げよう」と話して最初にいた小学校へ逃げる。でも、ついて来たのは、私の子供と私の子供が案内しようとしていた1年生のうちの1人だけで、他の周りにいた1年生も上級生も授業を受けるために、授業をする方の小学校へ行ってしまった。私が逃げようとしている小学校には、生徒も先生もいなくて、授業もしていない小学校だった。ここで、雨が降り出して、すぐに道路が川のようになってしまう。

私と子供2人は、私が最初にいた小学校へ走って逃げる。後からタクシーが来るが、「このタクシーは、ただ遠くへ逃げようとしているだけだから、乗ったら死ぬな」と思って乗らないことにする。私は草むしりをしていた4人と子供2人と一緒に、最初にいた小学校の最上階の4階まで上る。水が物凄い勢いで追いかけてくる。

時間が戻る前の洪水と違って、水は4階まで来るのだが、水位が首のところまで来たところで止まる。水中にご飯粒がたくさんあって、皆、おかゆの具になったみたいだった。私の子供が「○○ちゃん(ついてきた1年生の子)のお父さんに、○○ちゃん助かったよ、と言ってあげられるね」と言う。○○ちゃんのお父さんが助かっているかどうか分からないのに。その場にいた大人たちは、この言葉を聞いて皆ニッコリしていた。


ここまで見て、目が覚めた。この夢を見た27日は、水曜日であり、また関東地方では記録的な大雨の日となった。

いつもなら、こういう夢は夜中の2時か3時頃に見るのに、珍しく5時半頃という日の出直前の時間だった。自分でも日頃感じていたのだけど、もう正念場という時期は過ぎて、瀬戸際というところまで来ているような気がしていた。こういうことが起きるときには、UFOが助けに来るという話もあるけれど、これはそういう内容の夢ではなかった。

最悪、溺れることはなくても、いつ水が引くのか食べ物はあるのかといったことや、最後の子供のセリフに「生き続けるということは、希望を持つということかもしれないな」と目が覚めた後、考えていた。

夢の中の私の子供は、5年生だったような気がするが、6年生だったような、3年生だったような気もしてしまった。怖くて、はっきりとした時期を知りたくないという意識が働いていたのかもしれない。でも、上級生だったことは間違いない。この夢を見た1999年10月当時は、1年生だった。

実は、その後、子供が通っている小学校と、家を挟んで反対側にある小学校との合併の話が出た。合併した場合、今子供が通っている小学校は廃校になるらしいのである。夢の中の、生徒も先生もいなくて、授業もしていない小学校とは、廃校になった後の小学校のことかもしれない。でも、現実的には、現在は話が立ち消えになった格好である。保護者の賛成が多ければ、そうなったかもしれないのだが、反対者が多かったのである。でも、少数だけど強行に合併を希望する人もいて、またそういう方向性が出て来るかもしれない。

この合併の話が出て、この夢の内容が現実になりそうだと気がついた頃、霊的な妨害が入ってくるようになった。ゾーッとするような悪寒が走ったり、家中でラップ音が聞こえたり、何か淀んだ重たい雰囲気というか空気のようなものが身近に感じられるようになったのだ。でも、「ミドリマナミ」という言葉を出すと、そのような霊体がサーッといなくなってしまうのである。とても、怖がっていたようだった。このときは、ミドリマナミに助けてもらっていた。だから、やっぱりミドリマナミは、ポールシフト推進派なのかもしれない。

また、この夢の中で一緒に逃げた男の子の名前は「孝○」だった。漢字2文字の名前であるが、2文字目はなんという字か分からない。2000年の夏に、近所に、2001年で5歳になる男の子で、「こうた」君という子がいるというので、子供に調べてもらったら「耕太」君だった。この子は違う……。結局、2003年2月の段階で分かったのは、4月に私の子供と同じ区域から通学することになった子供が3人いるということである。

この「耕太」君も一緒だけれど、「孝○」君という子供はいない。しかし、いずれにせよ、子供が通う小学校は廃校にはなっていないので、私はこれまで受け取った情報から、ポールシフトは起こらないことになったのだと思っている。

大洪水の後の夢

1999年11月7日の午前6時半に、今度は大洪水の後の場面らしき夢を見た。

私は、海の浅瀬にいる。そばにおじいさん1人とおばあさん1人がいる。相当、年をとっている感じ。「大洪水の夢」に出てきたおばあさんは70歳くらいだったけれども、今度の2人は90歳に届くかどうかというくらい年をとっている。2人はニコニコしている。太い縄に捕まっている。私は、この2人を助けるところで、どこかのホテルに連れて行こうとしている。海の水位は、膝下10㎝くらいである。しかし、どこまでも海が続き、陸地も山も見えない。

次に、私はお風呂の中にいる。ゴミの入った水がお風呂の中にある横穴から吹き出されている。水がグルグルと回っていてよく見えないが、回転が急に止まり、水の中が見える。吹き出し口からチリ紙がたくさん出ていた。大きな物を両手いっぱいに取る。小さな物は浴槽にたくさんこびりついている。浴槽の中にある突出した直径1㎝くらいの穴から水が流れ出て行くが、ゴミを取らないと詰まりそうだった。

今度は、急に建物の5階（最上階）にいる。私の両親がいる。今度は本当の両親の容姿と年齢をしている。窓から地面を見下ろすと、大きなゴミが一定の箇所に集められていて、そこに、洪水が来て逃げるときに両親が捨ててきた2歳の女の子がいる。ベビーチェアにくくりつけられたままで生きている。この子は、私の子供という設定である。2歳には珍しく、眼鏡をかけている。もう1人、やはりベビーチェアにくくりつけられた男の子がいるが、この子は他の家の子で、私はその家にその子を連れて行く。（映像は無し）

他に、女の子のぬいぐるみも捨ててある。ペンギンともう1つはクマだったかなと思う。あと、もう1つ、女の子とぬいぐるみと一緒に捨てた手荷物があるが、それは見つからない。中身も分からない。ただ、それを入れていた、幅が1mくらいある大きな紙袋はある。ケーキの紙袋だったと思う。女の子は2日ぶりに見つかったので何も食べていない。

私が食事を作っていたら、父が欲しがるのでそら豆をゆでて砕いたものを少し父にあげる。父は、ミカンをくれる。そのとき、電話が鳴り、〝長男が海上で見つかった。生きていた。連れて行く〟という内容の連絡が入る。どうも、政府がらみの公的な機関からの電話だったようだ。

部屋の中には4匹のハエがいる。どれも、大きさが8cmくらいある。顔が人間のようだった。2匹は良いハエである(?)。そのうちの1匹は黒くて、もう1匹は白い。この2匹のハエは、2歳の女の子が捕まえてプラスチックのかごに入れる。良いハエは虫かごの中で大人しくしていて、逃げようとしていない。あとの2匹のハエは悪いハエである(?)。そのうちの1匹は黒くて、もう1匹は青い。アフロヘアの髪の毛も青くて、かけている眼鏡も青い。そして、この青いハエは、私が捕まえようとしたら私の腕を噛んでいた。私は優しくしないとダメだと思い、優しくして良いハエを入れたかごと全く同じ形の別のかごに黒いハエと一緒に入れたが、ちっともうるさくないので、おかしいなと思ったら、私のお尻で踏み潰されていた。

青、黒のハエと、あと何かもう1匹、ハエの半分くらいの大きさの幼虫のような白いものも死んでいた。部屋の中に仏壇のような赤い祭壇があり、そこでこの3匹を弔った。

ゴミ置き場を見下ろした窓から遠くの方を見ると、広場で正装した鼓笛隊が楽奏を始めた。皆、イギリスの近衛兵のような、赤い服に黒いズボンをはいている。黒い長い帽子もかぶっている。新しい門出である。何かの入れ替わりの儀式だ。何かをしていたグループのメンバーたちの入れ替わり。仕事そのものは同じなのだけれど、メンバーだけを変えて、また仕事が始まるのである。

その後、長男がいた保育園で、卒園した子供のお母さんたちも含めて、あるセレモニーがあると保母さんから連絡があり、黒い服で正装して行く。もうほとんどのお母さん方が集まっている。1人残らず黒い服で正装している。私は、広いホールにいるお母さん方の列の、前から3、4番目辺りに入る。どうも、皆、手荷物を持っていないようだった。

「大洪水の夢」を見たときは、日の出直前に目が覚めたけど、この夢は日の出直後の時間帯に目が覚めた。何か象徴的ではある。私の娘として、2歳の女の子が出て来るが、この夢を見た当時は男の子2人しか子供はいなかった。でも、当時妊娠していて、翌年2000年の3月に娘が産まれた。夢を見た当時は男女の別は分からなかった。だから、洪水が起こるとしたら、私の娘が2歳になる2002年の3月から2003年の3月までだと思う。「太陽の予言」に書いたことも合わせて考え

ると、時期的に合っている。長男が新入生を案内していた様子も考えると、２００２年の４、５月辺りを指していたと考えられる。これで、洪水が来なければ、いつ来るのかというのはもう私には分からないのだが……。そうなったら、もう起こらなくなったということなのかもしれないけれども。

また、この夢の中の悪いハエのことだけれど、私には『小さな宇宙人アミ』（徳間書店）の本に出て来る、ある星の悪い種族と同じ立場であることが分かった。アミの本で、宇宙人アミとコンタクトする、ペドゥリート少年は、この宇宙で自分との双子の魂である少女に、アミと乗った宇宙船の中で出会う。この少女の住む星には、人間と、人間に敵対する種族がいて、仲が悪いために平和な星にならないという。私は、このアミの本を読み終わって2、３日経ってから、夜空を見ながら「本当にアミっているのかなあ?」と考えていたら、夜空の１点が大きく白く光ったということがあった。１度しか光らなかったけれども。

この悪いハエは、アフロヘアで眼鏡をかけていたので、金正日のことかな?　という気もしたのだけれど……。

新しい地球の姿

１９９９年11月15日未明に見た夢。

夜に大きなホテルのような高級レストランへ行く。全フロアの全てのパーティションがレストランになっている。この建物に来れば、世界中の料理が食べられるのだ。

エレベーターの前にタキシードを着た、白人の30代前半くらいの男性がお客を案内している。行き先を言っていないのに、行きたいところへ案内されていく。上へ上っていくエレベーターの隣のエレベーターに案内されて、家族と一緒に乗ると、エレベーターが横に動いていって、1Fの奥の中華レストランが集まったところへ行く。ドアが閉まっているのに、外が見える。シャンデリアが黄色く光っていて、とても綺麗だ。

この夢は、洪水の後の地球の夢を見たので、今度は新しい地球の夢でも見るかな？　と思って寝たら、見たものである。なにか、超能力を使って、もう1歩便利な世界になるということなのかもしれない。

緑の意味

私が夢で見た、夢の中のミドリマナミはすごく迫力があった。情念の世界というか、愛憎の世界というか、そういう感じであった。そういう人の心の闇の世界、人をある意味で突き動かす世界なので、まだ公開するには早い情報系なのかもしれない。そういうおどろおどろしさは妖怪っぽい。

その後、人の執着する心が人の体を木に変形させていくのを見たことがあった。そう言えば、植物は根を生やして同じ場所からぴくりとも動くことはない。私としては、緑系は執着心と関係しているように思われるのである。また、Bさんの話によると、緑系は違う世界への橋渡しの意味があるそうなのだが、緑といえば、茎と葉だ。そういう、種と花との橋渡し、違う世界への橋渡しの意味がやはりあるのだろう。

それにしても、ミドリマナミは妖怪みたいで怖いけど、人間として夢に出て来るミドリマナミはとても優しそうだった。無意識の世界は歯止め（派止め）が効かないから、過ぎる優しさが執着的な情念になることもあるのかもしれないな。

闇

1999年2月23日未明に見た夢である。

見えるものは、ただ真っ暗な闇だけ。何の音も声も聞こえない。雰囲気だけが感じ取れる。

・子供の頃によくあった、ウキウキする感じ
・夢の世界を現実としている存在の影

というものだった。

潜在意識のとても奥の方の意識のようで、ここまで読むのが精一杯だった。夢の中で、一生懸命読もうとしていた。ミドリマナミがこのことを書いて欲しいと強く思っているようだった。

緑は青ではない

1999年3月19日午前3時頃に見た夢。

私は宝石売りになっている。

宝石は5色あって、向こう側から赤白黄緑黒と小さな石(原石ではないけれども指輪用にカッティングされていない、パワーストーンのような感じ)が、木彫りのリング(これも5色)とセットになって置いてある。木彫りのリングの台座は獅子の顔になっている。ちょうど、神社の狛犬のような顔をしている。私は夢の中で獅子の顔だと思っている。

それで、このリングと石の効用について占い師の女性が説明をしている。この色はこういう働きで、こういう取り扱いで、手を合わせて感謝してとかセオリー通りのことを話している。でも、私が「私の経験だと、こういう働きがあると認識してただ持っていれば、十分使える、働く」と言うと、占い師の女性は変な顔をしている。私は色別に効力を話す。白、赤、黄のどれかが学業で、どれかが健康に効力があると言っていたと思う。

最後に、「緑は愛情」と言ったところで目が覚めた。

実際のところ、占い師の女性が話す内容が実際のセオリー通りなのかどうかは分からない。私が言っている内容も、本当にそういうものなのかどうかは分からない。こういう方面はあまり詳しくないので。

この夢を見た後、突然、目が覚めたのでしばらく起きて考えていた。どうも、この5色というのは、中国思想の五行説のようだった。『易経入門』（河村真光著、光村推古書院）の本の中にあったような気がして読んでみると、坤《こん》という卦の5爻に、以下のような記述があった。「古代中国の五行説では、物質の元素を木・火・土・金・水とし、色でいえば、青・赤・黄・白・黒とし、方位でいえば、東・南・中央・西・北にあたると考えていた」

でも、私が夢で見たのは、緑と赤黄白黒だった。青が対置されている木は、本来は緑で象徴される方が自然だと思うのだが、占いのセオリーとしては、木は青で対置されているわけである。巷では、緑のことを青と呼ぶことがある。信号の色を指すときが典型的な例だ。

私は、この夢は、ミドリマナミが「緑は青ではない」と主張したくて私に見させて書かせた夢なのではないかと思った。その裏には、もともと緑だったものが青になってしまった。緑は隠されてしまった。封印されてしまったという思いが込められているかのようだ。

手相の場合

「緑は青ではない」をホームページにＵＰした翌日の、２００１年8月4日の朝、目覚める寸前に夢を見た。

「手相は複合的に見るものだ」という声。少し笑いながら喋っていた。後々書くけれども、この声は、この頃ホツマツタエという古代文献のことを調べているうちに関わってきた、アメミヲヤノカミだと思う。最近、占いの書き込みが続いていたので、その延長線として教えてくれたのではないかと思う。

占術の勉強

「緑は青ではない」の夢を見たとき、夢を見てから意味を調べてまた寝直したときに、「占いの細々とした象意をもっと勉強しなきゃいけないかなあ……でも、面倒臭いからいいや……」と思ったことがあった。すると、ちょうどそのとき、「バシッ」というラップ音が聞こえてきた。強い怒りの空気が漂っているのも感じた。もう一度思ってみたら、全く同じことが起こった。

多分、占いの色々な象意を通じて、何者かが何かの意志を降ろそうとしているのだろうと思った。「手相の場合」も似たようなことになっているようだけれども…。

コソボの夢

1999年4月19日の午前2時頃、いつものように夢を見た後目が覚めた。いつもこういう夢を見て目を覚ますときは3時前後なのに、今回は2時だった。早く書き込みなさいという意味だと思ったのだけど、2日遅れてしまった。

男性、女性共に和気あいあいとしている、明るく電灯のついたオフィスから、私だけこっそりと抜け出す。実は、彼らが良からぬ計画を持っていることを、私だけ分かってしまったのだ。

逃げ出して、エレベーターで5Fから1Fへ降りようとするのだが、何度1のボタンを押しても閉まらない。ふと、外を見ると、右の方にローラースケートを履いた不良っぽい少年たちがエレベーターの外側のボタンを押して、入ろうかどうしようかと話をしていた。しかし、次の瞬間、やっとドアが閉まる。そのとき、右の方から17、8歳くらいの女の子が2人、すべり込んできて、ドアにはさまれてしまう。私はボタンを押すのをやめて、中に入れてあげるのだが、またドアが閉まらなくなる。そして、そのとき、左の方にあるオフィスから女性が出てきて、とうとう見つかってしまう。

その女性は私を見て嫌な顔をしている。そして、両手首を合わせて、貝のように上下に手の平を開くと、そこから、とても強い白い光が出て来る。なぜか私はそれがウランだと分かっている。その光は私たち3人の体を突き抜け、向こう側まで光が通ってゆく。でも、痛くもなんともない。

ふと見ると、エレベーターの右の側面が無くなっていて、そこから外に出ると、家の中が散らかったような場所に出る。私と2人の女の子がそっちへ行くと、女性も私たちに光を浴びせながらついてくる。2人の女の子は、光を浴びせられているのに、その女性のことを仲間だと思っていて、1

人が親しげに女性に話しかけている。女性も何事も無いかのように受け答えをしている。私は黙って1人でぐるっと家の中を回ってエレベーターの左の側面(こちらも無くなっている)からエレベーターに入る。

そこには、さっきは無かった机があって、縦横20cm、長さが40cmくらいの黄色い包装紙に包まれた箱が置いてある。その箱には、あるメッセージが入っていて、私は私しか知らない宛先の住所を書いておく。私はこのことをずっとやろうとしていたのに、機会が無くて出来ずにいたのだ。それが何の箱なのか誰も知らない。

私はもうすぐ死んでしまうけど、誰かが「ああ、住所が書いてある。送っておいてあげよう」と思って送ってくれれば、皆が助かることになっている。黄色い包装紙は、実際に子供のときに見たような記憶のあるもので、小さくて可愛らしい、クマや自転車や花やリボンが描かれていた。

私はこの夢を見て、当時起こっていたコソボの紛争のことではないかと思った。

まず、私は主人公なので、ユーゴのミロシェビッチ大統領を象徴しているのではないだろうか。彼が、面子《メンツ》や意地に捕らわれずに、黄色い包装紙が象徴するような子供の頃の純粋な気持ちに帰って、ただ人民の命のためだけに和解通告をすれば、皆助かるという意味ではないかと思った。

私のいるエレベーターの右の方から来た2人の女の子は、まだ成人前（自立していない）なのでコソボのことではないだろうか。でも、どうして2人なのかな？　と思っていたけれど、コソボは

2民族いたのだったかな？　その民族を指していたのかもしれない。一人は縮れた黒い長髪を後ろに束ねていて、浅黒い肌をして、スペイン人のようだった。もう一人はウェーブのかかった金髪で白人系だった。

あと、オフィスから出てきた女性はウランを手から出していたが、目を覚ましてから国語辞典でウランのことを調べてみたら、銀白色であると書かれていた。後の東海村の事故では、青白い光が発生したということだったが、もし、当時夢の中で青白い光が女性の手から出ていたら、国語辞典で調べても違うものだと思っただろう。やはり、ウランであるということを伝えるためのものだったと思う。

2人の女の子は、女性のことを仲間だと思っていた。ユーゴから右にコソボを見て、左にある国で、コソボが仲間だと思っている国はどこだろう？　と思った。左にあるのはルーマニア、ブルガリア、ウクライナ、ロシア等だ。核を持っているのはロシアか。でも、結局、その後紛争時に劣化ウランのミサイルを撃ってきたのは、アメリカだった。もっともっとずーっと左にある国だったのである。ユーゴに落としたのだったと思うけど、コソボや近辺の国には影響は無かったのだろうか。この戦争は長引けば長引くほど、どちらも退く機会を失って長期化するのではないかと思った。核戦争にまでは至らずに済んだけれど……。

この夢もNifty ServeのＵＦＯ会議室に書くのを躊躇していたら、夜寝ているときに、ものすごくたくさんの霊体宇宙人が来て、「書きなさい！」と、もうたくさん言ってくるので、一晩中ほとんど眠れなかった。何時間も続いたのだ。彼らの念が強烈で、苦しくて苦しくて抵抗するのはあきらめて書いた。

目が覚めてから、日常生活で迷っていることについて、何故か夜中の宇宙人がはっきりとアドバイスしてきた。その通りにしてみたら、やっぱりそうしておいて良かったという結果になった。私を心理的に後押ししようと思ったのだろうか。

それにしても、苦しかった。今まで彼らのメッセージを受け取って来た中で最もハードな受信体験だった。

劣化ウランの被害

2001年の8月19日に、あるテレビ番組で、コソボ紛争時に、アメリカが撃ち込んだ劣化ウラン弾のことを放映していた。アメリカは、当時劣化ウラン弾の危険性を、自国の兵士にもNATOの兵士にも知らせていなかったそうだ。「劣化ウラン弾の撃ち込まれた地上を歩くな」等注意を促すビデオを作成してあったのに、それは、とうとう表に出さずに、兵士を出動させたということだ。アメリカの公的機関では拒否されてしまうので、カナダで検査した32人の帰国兵のうち、14人が尿からウランが検出されたそうだ。一生、ウランによって苦しむことになるらしいが、恐ろしいことだ。

以前、雑誌で、玄米を食べると放射能を体外に排出できると書いてあったのを読んだことがある。どの程度、効果があるのかよく分からないけれども、だとしたら、玄米を食べたらいいのになと思う。それ以前に、アメリカには、安易に放射能をばらまかないでほしいと思うのであるが。

戦争の夢

１９９９年8月10日未明に戦争の夢を見た。「書きなさい！」という衝動があったのだが、「コソボの夢」を見たときほどではなかった。

木々に囲まれた、長方形の広い公園がある。砂地のグラウンドのようになっている。私のいる位置は、長方形を縦にした場合、上の辺から10ｍくらいで左右の辺からはちょうど中央になるくらいのところである。右から左の長さは20ｍくらいかなと思う。私の仲間が、私の右方向の木々に隠れていて10人くらいいる。全て女性である。私と私の仲間は、武器を持っていない。私の前方の木々の影には、銃を持った女性が１人いる。

この女性は、ルーマニア人である。銃を持っているけれども、とても弱いのが私には分かる。この女性の仲間があと2人いて、手を繋いでグラウンドを歩いている。１人だけ銃を持っていて、その人は何か私に怒っているような感じ。

空には、戦闘機が飛んでいる。これはドイツ空軍機である。ドイツ空軍機は、私や私の仲間と3人の女性を撃とうとしている。私は、ドイツ空軍機を気にしながら、グラウンド上のたくさんの小さな丘に隠れて、前方の女性に近づく。３人の女性は、私のことを敵だけどどんな人だろうといった感じで近づいてくる。私は、それをいいことに、近づいてきたところを殴り倒してしまう。向こうは銃を撃って来ない。

私と私の仲間の目的は、3人の女性を捕虜にすることで、捕虜にしたところで夢が終わった。

この夢で気になったのは、登場人物が皆女性であることであった。戦闘機の操縦士の性別は分からないけれど。

それで、「コソボの夢」をNifty ServeのUFO会議室に書き込んだ日の朝に見ていた夢から、「女性」が何を象徴していたのか考えた。以下にその夢を書こう。

低い山の向こうから、私を含めて4人の女性が逃げてくる。その後から、数人の男性が追いかけてくる。私以外の人は、皆ヨーロッパ人の顔をしている。女性4人は、古い建物の木造のエレベーターに乗るが、閉まる寸前に男性たちに動き出すのを止められてしまう。男性たちは、私たち4人を殺そうとしている。私ともう1人の女性は、必死に男性たちをドアから引き離そうとするが、他の2人の女性はもうあきらめていて、すぐ横で、私たちをジッと見ている。そのときの私の心境は、相手が自分を殺そうとしていて、こちらが逃げ場を失っているために逆に相手を殺そうとする、というものだった。

この夢を見たときは、コソボの紛争が長引けば、地上戦に入ってもっとひどいことになるのではないかと思っていた。

この夢では、攻撃を受けている側は女性で象徴され、攻撃をする側は男性で象徴されていた。だから、「戦争の夢」に出て来る女性たちは攻撃される国々を象徴しているのかもしれないと思った。その中でも、2つに大きく勢力が分かれていて、私は3人の女性を殴り倒したりもしているわけだが、ドイツ空軍機に攻撃されているところは、同じように攻撃を受ける側になっていた。今回ははっきりと、ドイツ・ルーマニアと国が設定されていたが、隠さずにそのままNifty ServeのUFO会議室でも書き込みをした。

ともかく、このときコソボ辺りは、まだ紛争の火種が残っているということなのかもしれないと思った。

ジャンプすること

1999年4月18日に見た夢。

私は電信柱を上ろうとしている。でも、命綱が無い。少し怖いのだけど、仕事だからと思って上って行く。上る前から、背後の夕日が気になって仕方がない。上っている途中も気になっている。私は、上り終えたところでやっと振り返って遠くの夕日を見る。太陽はもう沈んでいたけれど、赤く雲が色付き、白い雲や雨雲である青い色の雲も散らばっていてウットリするほど綺麗だ。その後、私はさっさと仕事を終えて（何も描写が無い）電信柱を降りて行く。

私は、この夢の中の命綱は、証拠や論拠のことではないかと思った。この頃、飛び越えるというか、ジャンプした先の世界が新しい地球のことなのではないかと、なんとなく思っていた。そういう生き方を地球人が選択できれば、極ジャンプも起きないということなのかなと感じていた。

また龍の雲を見る

1999年の5月13日に、また龍の雲を見た。

朝、南向きの部屋の窓を開けてなんとなく空を見ていたら、前回のようにウネウネとはしていなかったのだけど、「？」と思うような細長い白い雲を見つけた。ウネウネしていた雲のように生きているように見えた。そのまま見ていたら、前方の頭の方へ全体が流れて行きながら、後方の一部に別の何かが集まって固まったようになった後、ピカッと光った。その後、大きな丸いものが後方から前方へ向けて幾つも幾つも流れて行った。

この日の夜には、寝るときに宇宙人のことを考えながら目をつぶっていて、ウトウトし始めた頃、まぶたの裏で、何かが大きく銀色に光った。あまりに大きかったので、現実に何かが光ったのかと思って、隣に寝ている子供に「いま、何か光った？」と聞いたのだけど、「ううん」と答えていた。

それで、また目をつぶるとすぐに、今度は変な映像が見えてきた。
頭がボサボサで太った男の人が両手を斜め下に差し出していて、彼の息子（だとなぜか分かる）がその両手にぶらさがって、ブランコのように体を揺らして楽しそうにしていた。二人の上下の服は、全体的に白いのだけど、黄色いラインも入っていた。状況から言って、子供の年齢はかなり小さいと思ったのだが、もしかしたら新しい地球のことだったのかなあ？　とも思った。

宇宙時代に入った地球

1999年6月7日未明に見た夢。

夜、2人の女性と一緒に窓から空を見ていたら、あまり長くない黒い楕円形のUFOが、5、6個の丸い大きな窓が見えるくらいの距離に浮かんでいて、地上に光を放っている。ヒューマノイドがたくさん地球にやってきて交流が始まるのである。「親交世界」という言葉が、とても暖かく優しいものと共に聞こえてくる。（この、「親交世界」というのは、アミの本の中で、宇宙の法則に沿って生きるようになった星が加入している世界というような意味で書かれているものである）
宇宙人は、普通に我々の世界と交流してきて、普通に生活の中に入り、普通の会話をしに来るのだが、どこか地球人とは少し違っている。皆が、「今日は宇宙人と話していたら、こんなことがあって」とか「こんな話をした」とか言っていて、とても面白がっている。

宇宙人は、皆、銀をベースにして赤いラインの入ったつなぎのスーツを着ている。男性の宇宙人が、皆がいるところで寝そべっていたり、若い女性宇宙人と中年の女性宇宙人が細長い宇宙船から何か仕事をするために出てきて、微笑んでいる。皆、どの宇宙人も優しくて、地球人に説教したり指図したりしてはいない。宇宙人たちは、普通に生活の中に入ってきて交流しているだけなのだが、それをいいことに、1999年現在、宇宙人からこんな凄いメッセージをもらっていたなどと、宇宙人と関わっている人がたくさんの文章をインターネットに流したりしている。

私はやっと宇宙人との交流が始まったと思って、嬉しくて嬉しくて、UFOに手を振ったりするのだが、他は特に何とも思っていない人や、もう少し関心のある人など様々であった。テレビでは、「今日から、地球は新しく誕生しました！」とアナウンサーの男性が嬉々として喋っていた。

ここで、目が覚めてからも、「親交世界」という言葉の暖かく優しい感覚が、胸にしばらく残っていた。

いわゆる、オープン・コンタクトの夢である。

銀色に赤のラインの入ったつなぎのスーツというのは、ウルトラマンと同じだなと思った。ホツマツタヱ関係でいうと、銀河系（銀）と太陽系（赤）という意味になるかもしれない。

宇宙人と関わって凄いとかなんとかじゃなくて、もっと宇宙的な知恵というか、新しい世界に触れてより生き生きと、自由で楽しい、心理的にエキサイティングな生き方ができたらいいなと思う。

宇宙人と関わるようになると、心の中が見透かされてしまうので、いままでのように、表面的に上手くやるとか、無理や義理で何かをやるということが通用しなくなってくるだろうと思う。でも、逆に皆、自分らしく生きられるようになって、教義や教祖に頼ったりすることもなくなるかもしれない。胸の波動が分かれば、教義や教祖に頼らなくなるのと同じことではないかと思う。胸の波動は、地球が宇宙時代に入っていくカギになっているのではないかと思う。

神様が来た

１９９９年６月27日の未明、不思議なことがあった。

夜中に、突然、ハッキリと目が覚めてしまった。ちょっとやることがあって、そのあと時計を見ると、３時15分だった。横になって、宇宙連合ＳＥのこととか、今まで関わってきた神様や宇宙人のことを考えていたら、寝ている私の右上に位置する窓の近くの畳の上で、紙が「カシャ、カシャ」とクシャクシャになるような音がした。ゴミ箱があって、後でよく見たら、紙が捨ててあったのだった。それで、ともかくこのとき、２回続けて「カシャ、カシャ」と音がすることが、５、６回も続くので、ちょっと怖かったけど、思い切って起きあがり、音のするところを見てみた。ゴミ箱はあったけど、中は覗かないまま紙が捨ててあるように思ってなかったし、私が見ている前では音がしなかった。それで、また横になると、また「カシャ、カシャ」と音がしたかと思ったら、その音のするところから、私の足の方へ、誰かがミシミシと３歩歩いてくるのが分かった。そのとき、「あ、神様だ」となぜか感じた。すると、部屋の中に厳《おごそ》かな雰囲気が漂った。

そして、「今のは何だったんだろう……? あっ、紙＝神!?」と気がついた途端、今までよりももっと大きな音で、「カシャ! カシャ!」と音がした。まるで「そうだっ」と言っているかのようだった。

その後、私の頭の上から、誰かが私のことを見下ろしているのを感じた。そして、「見守っているぞよ」という声がした。私は、神様も人間の世界に現れて共に過ごせるようになってきたのかなと思った。そういう、新しい地球の姿が現れてきているような気がした。この神様が来てから、他人や物事に対するネガティブな思いがそれまでよりも少し少なくなったように思った。この神様のおかげだったとしたら、ありがたいことである。

この前日の夜、何を思ったか知らないけれど、夫が自分の部屋にあった「天照大神」の御札を私の部屋に置きにきた。それで、こういうことがあったので、あの神様は天照大神だったのだろうと思う。結構、神様って茶目っ気があるようだ。この御札は、今でも私の部屋に置いてある。

現実化が早くなった出来事

1999年の9月頃の出来事である。

眠っていて、突然目が覚めると、しばらくしてから誰かから電話があったり、訪問があったりすることがそれまでよくあった。ところが、この頃になると、目が覚めてから十数秒でこういうことが3回続けて起こった。それまでは、早くても2～3分は間があったので、おかしいなと思った。14日には、玄関のチャイムと電話のベルが同時に鳴った。こんなことも初めてだ。なにかせっつかれているような気がしていた。ポールシフトが早まっているのだろうか……と思った。

予知的なビジョンも見えた。昼寝をしていたら、布団の上に黒い長方形の影のようなものが見えた。でも、すぐに消えてしまって、そのときは何が何だかさっぱり分からずにいた。ところが、数分後に携帯電話が鳴る音がする。今、影が見えた布団の下からだ。見ると、夫が子供に与えた携帯電話があった。子供が、布団の下に置いておいたのだろう。取ると、さっき見た黒い影と同じ大きさくらいの黒い色のものだった。

これらのことを通して、予知してからの現実化が早くなっているよと言われているような気がして仕方が無かった。

テレパシックなＵＦＯ

１９９９年11月18日の午後4時半頃のことであった。出窓から綺麗な夕焼けが見えていた。私は「そう言えば、何ケ月か前に、夕暮れ時にゆっくり遠ざかって行くＵＦＯを見たなあ」と思って、空を仰ぎ見た。すると、少し前方の上空にオレンジ色の光が突然現れて、ゆっくりとこちらに飛んできたのである。そのとき、「ゴーッ」という飛行機の飛ぶ音がしたので「なんだ、飛行機か」と思ったら、右の方からはっきりと飛行機と分かる形をした、灰色の飛行機が飛んできた。ドキッとしてオレンジ色の光の方を見ると、一瞬見えたのだけど、すぐに消えて行ってしまった。「ああ、今のはUFOだったんだ」と思ったら、また、突然現れた。先ほどいたところよりも、さらに前へ進んだところだった。でも、2秒くらいで消えてしまった。

雲などが全く無い、晴れ間のときだった。なにか、アミの本を読んだ後に見たUFOのように、こちらの想念に応答しているような現れ方だった。また、飛行機よりも低空を飛んでいたせいか、オレンジの光というよりも、火が燃えているような感じのものが飛んでいるようなところまで見えた。火の玉というわけでもなかったのだけれど…。あと、何か白っぽい紐のようなものがオレンジの光の下にあって、それはΩの上下が反対になったような形をして、オレンジの光を下から包んでいるように見えた。かなり近距離を飛んでいたUFOであった。

「書け」というメッセージ

宇宙人たちというのは、宇宙人のこととか、もらった情報とか体験したこととかを書いてほしいらしい。Nifty ServeのUFO会議室に少し書き込みを始めた頃は、宇宙人が夢の中に出て来るようになった。顔の形相が必死であった。また、「援助するから、頼むから書いてほしい」と懇願するような声だけの夢を見たりもした。

「どうも、おかしいな」と思った。それまで付き合ってきたヒューマノイドは、こちらの好意や信頼を裏切ることは無いと感じていたし、こちらが避けていても、彼らがしてほしいことをしなくても、困っていれば色々と助けてくれたりするような、無私の人たちだということは分かっていた。そこで恩返しをしたいというか、あまりにも無私なので……という感じで、書いてみることにした。

自分が経験したことを黙っていてはいけないような気はしていたのだけれど、なかなか書けなかった。だから、これが後押しになったのは確かだ。おかげで、私の人生は思いがけないことがたくさん起こるようになり、彼らと関わる自分の人生を自分なりに意味有るものにすることができた。でも、性格的に気が散りやすくて飽きっぽいので、「書くのやーめた」なんてしょっちゅうだったのだが、まあ、怒る怒る、叱りに来るのである。

あるときなど、なんだか寝言で「なんだよ、女神様なんて、人の気も知らないで」と何度も言いながら目が覚めたことがあった。誰かが、私の左の中指の第二関節を親指と人差し指ではさんで、グリグリと強くいじっていた。怖くて目は開かなかったけど、「こんなことぐらいで、なんだ！」と言っていた。結構、迫力があって、怖かった。

他にも、寝てるときに、「面倒臭いからやめよーかなー」と考えた途端、そんなものは部屋の中に無いのに、大きな金具の音がしたことがあった。細長い金属製の筒の中に、上から筒に入る金属製の棒状のものを思いっきり入れて、スイッチを入れたような音。なんか一瞬見えたような気がしたのだけど、長くて、１ｍくらいの長さをしていたようだった。

「書くな」というメッセージ

1999年の12月に入ってから、情報らしき夢を見なくなった。問いかけてから寝ても、さっぱり見なくなった。そのうち、「書くな」というような合図らしきものが起こるようになり、強い衝動となってきた。

1月に入って、それでも書き込みをしようとUFO会議室にUPしたのに、隣の会議室に入っているということが2回もあった。夢を見ても、自分に対するアドバイス的なものだったので、私はこれで情報を書き込む仕事が終わったのだと思った。それで、この時期、いったん、書き込みを中断した。

でも、その後また書き込みを再開した。あの時期は1つのエポックだったのだろうか。不思議なのは、この時期を境にして、色々な懸賞やくじ引きによく当たるようになったことだ。それまでは、これでもかというくらい、当選には縁が無かったのに。(笑)

神々の強制力が無くなる

1999年の12月に、無理やり書かせようとする衝動が無くなっていたのは、神々が人間に強制する、人間を支配する時期が終わったことを意味していたのではないかと思う。夏の、星の位置がグランドクロスになる頃から、なにかそういう意識が薄くなって行ったのを感じていた。でも、はっきりと頭で認識したのは、もっと後だった。私の個人的な見解だけど、世紀末に復活するといわれていたのは、人間が自身の神性を取り戻すこと、つまり神々に支配されるのではなく、彼らと主体的に関わるようになる、ということだと思っている。ともかく、いったん、彼らは私と距離を置いていた。

まさか、このことを知らせようという意図があってのことだったのだろうか。そこまで意識して行動していたのだろうか。ともかく、書かないと苦しくてたまらないということは、これ以後、無くなった。

王の死

その後、もう1度1月に書き込んだ後、久しぶりに2000年の6月17日に書き込みをした。

この頃、木星と土星がほぼ同じ位置にあった。これは、王を意味する木星と、不幸や死を意味する土星が重なっていることから、この頃亡くなった、小渕元首相やアサド大統領の死を暗示しているのではないかと思った。小渕元首相の入院した4／2は、木星と土星の距離が6度で、その後両星が近づいて行っている。でも、この書き込みをNifty ServeのＵＦＯ会議室にした頃はまた離れつつあって、8／2には7度になるので、8／1までは、もしかしたら要注意時期なのではないかと思った。

このような内容の書き込みをNifty ServeのＵＦＯ会議室にした、翌日の6月18日に、黒幕と言われた、自民党の竹下元首相が亡くなった。新聞を読んでいたら、この日、小さな暴力団の組長が亡くなった記事も載っていた。やはり、王が亡くなる時期であったようだ。

宇宙王のメッセージ

２０００年の11月16日未明に、宇宙王と名乗る存在にビジョンを見せられた。

15日の夜、寝るときに「そう言えば、Ａさんは、青系と言ってたな」と思った瞬間、天井に何かが浮かんでいるのが見えた。「あれ？」と思って、目を凝らしたときには、消えてしまったのか何も見えなかった。

その後寝ている間、ずっと誰かに声をかけられていて、２時間くらい寝ていたのだが、だんだん目を覚ますと、つぶった目の中が明るくなった。その声というか衝動というか、それそのものが金色のような感じがした。そして、突然あっという間に、宇宙空間に連れて行かれた。ビュンビュン飛んで行くと、薄い青紫色の石板が、どこかの星の周囲らしきところにたくさん浮かんでいた。石板は長方形で、矢印がこちら向きに盛り上がった形でついていた。青系へ進めという意味かなと思った。

それで、またビュンビュン飛んで行くので「どこへ連れて行くの？」とちょっと怖くなってきて、心の中で質問したら、横長の長方形の中に星がいっぱい詰まったようなものが一瞬見えた。見た瞬間に「あっ宇宙の中心だ」と思った。すると突然動きが停止した。周りには星がいっぱい浮かんでいた。しばらくそこにいた後、地球に帰された。

その地球のビジョンが奇妙だった。クリーム色のナプキンの端に、動物のものか人間のものか分からないが、柔らかそうな茶色い巻毛が周りについているものがあって、そこの外側に立たされ(たような気がした)その中に入っていくと、「おやすみなさい、宇宙猫」と言う、60歳くらいの男性の声がした。「誰なんだろう?」と思ったら、「宇宙王」と聞こえてきた。この地球のビジョンのものが何とも言えない感じがした。柔らかく暖かく深みがあってゆったりとした……そう!「豊かな感じの」というのが一番ぴったりくる形容詞だった。クリーム色というのは、哺乳類を象徴するミルクの色を表しているのかもしれない。それと豊胸のイメージもあったと思う。

しばらくまだ寝ないでいて、目をつぶっていたら、今度は原爆が落ちたのを空から見ているビジョンが見えた。空が真っ赤だったが、実際はどうだったのだろう。赤かったのだろうか。何か書物でそのように読んだことがあって、ビジョンで現れたのかもしれないが。

その次には、土の山の中腹に大砲の口が出ているのが見えた。「戦争?」と思ったら、どんどん目線が地下に入って行った。どんどん下っていくと、長さが4cmくらいで幅が3cmくらいの全く傷の無い濃い灰色の石がたくさん敷き詰められている河原に出た。暗いトンネルの中なのだが、なぜか様子が見え、ほんのり灯りがあるようだった。「賽の河原だ」と思った。水は透き通って冷たそうな感じだった。深さは20cmも無かったようだった。

その河原の向こう側へ渡ると壁に黒い細い道(幅2~3cmくらい)が右下がりに斜めについてい

て、その道を下ったところに、というか壁のすぐ下に、直径1・5mくらいの黒い泉があった。「黒い泉だ」と思ったら壁の少し上の方から、「2度と帰って来られない」という声が聞こえてきた。地獄だったのだろうか。生物らしきものは何も見当たらなかった。

戦争をしたら地獄に行くのだろうか。でも、これは侵略戦争の場合だと思う。そうでなかったら、侵略者にされるがままになってしまうからだ。

人間は神である（1）

宇宙王については、私のハートの後ろに貼りつくほど私に入れ込んでいるせいなのか、力が強いせいなのか分からないが、関わると他の存在と全く交信できなくなってしまうので、あまり頻繁には関わらないつもりだった。なんというか、私のハートを全部包み込んで、他の存在を受け付けなくするような感じだった。また、後で気がついたのだけど、ビジョンの中で、三途の川を渡ってしまったなと思った。帰って来られたから良かったが。

宇宙の意識からの強制は1999年の12月には無くなっていたようで、もうすでに人間に干渉できる時代は終わったのではないかと思った。自分の感覚としては、1999年夏のグランドクロス以降に、何か変わったような感じがしていた。重い感じがなくなってきたというか……。もう、神々や宇宙人が権力を振るうことはできなくなっていると思った。人間の側の意志に勝てなくなっているようだった。

誰にも支配されずに、一人一人が神として生きる時代が来たのではないだろうか。これからは自分で意志してシフトしていくことが今までよりも有効になってくるのだろう。

人間は神である（2）

地球の未来に干渉するしないという点についても複雑な問題がある。地球の未来に何か起こるかもしれない、それを宇宙人が知らせに来ている。でも地球人としては別に滅亡してもかまわない、それよりも宇宙人に干渉される方が嫌だという人もいると思う。でも、宇宙人と交流したい。宇宙人にもっと色々と教えてもらって宇宙のことを知りたいという人もいるだろう。要は支配される形でなく主体的に関わって対等に交流し、進化していこうというのが望ましい形なのだと思った。それには、自分で考えて理解して行かなければならないのだろう。

こうしてどんどん色々な人が、力を失っていく神々の動向を表すことで、彼らの動きというか、力も制限されてくることが予想された。神々については、人間の側の願いを尊重している存在かどうかというのは大事な部分かもしれない。そういうことに理解のある存在なら、人間とも共存できるだろうし、人間も理不尽に支配されることも無いだろうと思う。つまり与えられて従うのではなく、自分から求めて動いて行くということ。そして取捨選択すれば自主的と言えるだろう。こう書いていたら、何か広々とした自由な感じ、すっきりと青空が澄み渡ってくるような感じがした。

そう言えば、子供の頃18くらいまで、こういう導いてくれるような衝動があったような……。変な生き方をし始めてから、すっかり無くなっていたけれど……。提示はしても強制はしない。また、求めれば親切に教えてくれる。人間として見ても良識的なやり方だ。でもこちらは外的な存在ではなくて、内的存在だという感じが強くする。存在と書いてしまうと自分と別のもののようだがそうではない感じ。自分の一部というか、自分を大きくしたもの、かな？　きっと誰の内部にも潜んでいる内的な神なのだろう。

第三章　その他の宇宙人情報

中央線で会った宇宙人

１９９７年の９月から１９９９年の９月まで働いていた会社に行っていたときのことだ。明確な日時はもう覚えていない。

その頃、私は事務所にいる年配の女性に、仕事のミスをよく私のせいにさせられていた。その女性の指示通りに動くと、あとで間違っていたときに、やったのは宇宙猫（私）だと言うのだ。「違う」と言っても、ことを荒立てたくないのか私を疑っていたのか分からないけれど、皆黙っていた。私の前に３人女性が入ってすぐにやめていったと聞いていたのだけれど、私と同じ目に遭っていたのかもしれない。

そのことで悩んでいたある日、会社の帰りに中央線の特別快速に乗った。私はドアの右側に立っていて、左側に大学生風の男の人が立ってた。「あっ、宇宙人かな？」と思ったらうなずいたのだが、「違う」と言ったりもしていてどうもおかしい…。そのうち、彼が自分に同調しろと意志表示をしているのだと気がついた。それで同調するとスースーする感じがしてきて、そこで初めて彼が「人に期待するな」とポツリと言った。国分寺の駅に着く直前だった。駅に着くと、電車から降りた彼は、何故かとても速く走って行ってしまった。私が悩んでいたのでアドバイスしてくれたのだろうと思う。

ヘビの夢

1999年の1月の出来事である。ヘビの夢を見たのだけど、何か気になる内容だった。

黒っぽい灰色のヘビが道端や荒地にいっぱい死んでいた。荒地一面に、ばらけていたけどどっさりと死んでいた。他にも内容は忘れたけど、同じような色のヘビだったという記憶だけはある。

この頃、北朝鮮関係の本を読んでいた。『北朝鮮の正体』（落合信彦著、小学館文庫）である。北朝鮮がここまでひどい国だったというのは、この本を読んで初めて知った。夢の中で荒地に死んでいるたくさんのヘビを見たときの、恐怖感を伴った驚きは、この本から受ける印象が表出したものだろうと思う。

北朝鮮の惨状はなんとかならないのかとしばらく気になっていたら、ある夜、寝ているときに、今まで会ったことのない宇宙人が来た。私の左側から北朝鮮について話をするのだが、その内容は、「北朝鮮は核を持っている」というものだった。このことがあった日の1日後だったか2日後だったかに、上記の本を読み進めていたら、「北朝鮮が核を持っているという認識は国際的常識だ」という内容のことが書いてあった。後付けがあったのである。

そして、宇宙人はこのときはわりと優しい感じだったのだが、今度は私の前に来て急に怒り出すように話しかけてきた。「〜は〜じゃないのか？！」とか「〜は〜だろ？！」とか私を挑発するように話して、私に答えさせよう、考えさせようとしていたようだった。このとき、空中から聞こえる声の上の方が何か黄色かった。声が金属的だったからかもしれないけど、黄色く見えた。このときはそれが何を意味するのか分からなかったのだが、3月になって、1997年に北朝鮮から亡命した、黄元書記長のことを意味しているのではないかと思った。

ちょうど、彼の本を読んでいた頃だった。『黄長燁回顧録　金正日への宣戦布告』（黄長燁著、萩原遼訳、文藝春秋）である。この本を昼食を取りながら読んでいたときに気がついたのである。

そして、シンクロニシティなのだろうか。このことに気がついた日の読売新聞の朝刊に、ちょうど彼へのインタビュー記事が載っていたことに、家へ帰ってから気がついた。（「読売新聞の黄元書記との会見要旨1999年3月25日付」）

1999年の3月に、ここまでの内容をNifty ServeのUFO会議室に書き込もうと思ってワープロに入力したあと、私の親から私の子供にということで、バナナとグレープフルーツという黄色い果物が届いた。いつもはリンゴとミカンだったのに…。

そして、この内容をホームページにUPするために、途中まで書きかけて買い物に出かけたときに本屋へ寄ったら、どうも今日が発売日だったらしい『文藝春秋』が高く平積みされていた。手に取ったら、上記の本の訳者である萩原遼氏の黄長燁元書記長に関する記事がちょうど載っているではないか。亡命先の韓国で軟禁状態なのだそうである。北朝鮮の感情を配慮してのことらしい。恐らく、もう金正日のことを公の場で語ることは出来なくなるのではないか。

そして、1999年の1月6日には、違う内容のヘビの夢を見た。

大きなヘビが家の中に入ってくる。逃げたり、私が追い出したり、また入って来たりして、最後に剥き出しになった床下の梁《はり》のところにヘビが一匹でいるところを、そっと柱の影から覗くと、ヘビが宇宙人に変身した。この宇宙人は、以前、金星人として夢に登場した男性だった(「UFO関連の夢(2)」)。ユースケサンタマリアの目を大きくしたような感じの顔。見えない誰かと話をして笑っていた。

ヘビは頭の方としっぽの方と、2つとぐろを巻いていた。

起きてから、そう言えば指紋やツムジって渦を巻いているけど、指先や頭頂というアンテナっぽいところって渦を巻くのかな?　と思った。

ホツマツタエでは、「ア」と「ワ」の字は別に渦を巻いた字があてられている(178ページ参照)。「ア」は天を、「ワ」は地を表す。ヘビの頭としっぽがとぐろを巻いていたのと、象徴的に似ていると思う。

北朝鮮の常軌を逸した行動

1999年3月31日の夜に見た夢。この頃、北朝鮮のことがずっと気になっていた。この日、寝る前に北朝鮮の独裁政権が終わりにならないだろうか、ミドリマナミは教えてくれないだろうかと思って眠った。それで見た夢。

「もうすぐ終わる」という声が2回聞こえてきたのと、「冥王星が海王星の内側に入るという常軌を外れた運行をしていたので、常軌を逸した行動が行われていたのだ。もう、その期間は終わった。(^^;)」という文字が見えて、それを読み上げる声が何度も聞こえてきた。

最後に〝汗タラ〟の顔文字があって、パソ通に書けということだなと思ったのだけど、一国の独裁政権が終わるかもしれないということをNifty ServeのＵＦＯ会議室に書くのは、なかなか戸惑うものがあった。でも、それ以後、緑も黄色も関連した神秘現象が全く起こらず、これを書かないと次の情報をもたらさないという意味だろうと解釈した。それでも書かないでいたら、今度は4月15日の夜に以下のような夢を見た。

北朝鮮の軍隊に夫が入っていて、脱走するのだが捕えられてしまう。しかし、なぜか金正日に恩情をかけられ、殺されずに強制収容所に入れられる。私も入っている。

なぜか、2月30日（?）に金正日が視察に来ることになった。夫を皆の前で見せしめのために拷問にかけて殺そうとしていた。私はなぜか収容所の中でパソ通が出来て、助けを求めようと焦っている。すると、以前夫の仲間だった兵士がジープで来て、帰るときにカギを開けておいてくれる。私と夫はそこから外に出る。外の金網の穴から国境を越えると、そばにいた白い軍服の2人の軍人も国境を越えて来る。金網の内側（北朝鮮側）を袈裟を着たお坊さんが歩いている。私は国境を越えれば何もして来ないだろうと思ったのだけど、北朝鮮側の金網の近くにいた軍人が、私以外の3人を撃ち殺してしまう。私が地面にうつぶせになり、銃口を向けられるという場面と、両手両足を縛られ、うつぶせになって木に吊るされる場面とが見える。

次に急に場面が変わって、どこかの国際空港にいる。皆、日本人のようだし、日本語を話しているのだけど、どうもそこは日本ではないような感じがする。

最初、男性の「案内係」に、使う交通手段を言って案内してもらう。次に、女性がリヤカーのような手押し車に私を乗せて、人をかきわけて進んで行く。皆、よくある普通のことのようにスイスイとよけてくれる。地上に出るためにパイプの重なったところを通り、リヤカー専用通路を斜めに上って地上に出る。右側は下りのエスカレーター、左側には階段がある。地上に出ると、階段の前とリヤカー専用通路の前に、それぞれ黒いタクシーが待っている。この、リヤカー専用通路を上って地上に出る場面が3回ほど繰り返された。私は夢の中で、女性なのに力があるなあと思っている。

この夢を見た後、北朝鮮の人民の気持ちを体験させられたような気がした。現状では、たくさんの日本人やその他の国の人間も出国出来ないようだ。でも、数年前にドイツ人の医者が出国して北朝鮮の病院内の実情を書いた本を出した。それ以前よりも、少し規制が緩くなったのかもしれない。でも、強制収容所の人間は解放されていないし、飢餓状態もまだ改善されていない。

話しかけてきた宇宙人

「問題に対する回答の夢」の内容を、1999年2月7日にNifty ServeのUFO会議室に書き込んだ翌日のことだ。会社へ行く途中の電車の中で宇宙人に会った。

人のまばらな車両の中で、ドアに近い席に座っていると、30歳くらいの男性が電車の中を歩いてきて、私の隣に1人分空けたくらいのところに座った。そして、何かをボソッと喋った。何を言っているのか分からなかった。彼はまた何か喋ったけど、またよく聞き取れない喋り方だった。なんか変な人なんじゃないかという気もしていたのだけど、よく聞き取れないことをニコニコしながら喋っているのを聞いているうちに、「あれっ、宇宙人かな?」と遅れて気がついた。すると、彼が私に向かって、「少しお話しする時間はありませんか?」と話しかけてきた。一瞬、会社を休もうか?　連絡しようか?　仮病を使おうか?　という想念が頭の中をグルグル駆け巡ったけど、「仕事に行く途中なので」と断って電車を降りた。乗り換えで歩いている途中、彼の想念が追いかけてきた。

強く引き止めるような気持ちと、どうして？　という気持ちの想念が強く伝わってきた。私は、どうして仕事の無いときに（話す時間のあるときに）話しかけてくれなかったんだろう、と少し怒っていた。それと、前日に「問題に対する回答の夢」をNifty ServeのＵＦＯ会議室に書き込んだことが影響しているのだろうとも思っていた。あと、「少しお話しする時間はありませんか？」という言葉は、Nifty ServeのＵＦＯ会議室の方には書き込んであるけれども、実はこのホームページにも書き込んだ「失敗したコンタクト」で会った女性の宇宙人に、改札を出たところで話しかけるときに言おうと思っていた言葉だった。女性の宇宙人に駅のベンチで会ったときに、私は１人空けて座ったけれど、今回の男性宇宙人も同じようにしてきた。位置も私の右側で同じだった。「今日は、もしかしたらあまり仕事が無いんじゃないだろうか？」と思って会社へ行くと、本当に珍しくあまり仕事が無く、上司も「今日は仕事が無いんだよねえ」と言っていた。ああ、残念なことをした。休んでも良かったのだ。宇宙人はそのことを知っていて話しかけてきたのだろうか。それで30分早く会社を出ることができた。

ところが、家へ近づくにつれて、今朝会った男性の宇宙人の想念を感じ出した。或るところで待っているという念がガンガン来た。私が買い物をするスーパーマーケットの辺りにあるベンチで待つようにという内容だ。恐らく20分くらい待てば来るような感じがした。でも私は、どうして仕事の無い日を選んでくれなかったのかとまだ怒っていて、帰ってしまった。「短気は損気」とはこのことだな。

久しぶりに会った宇宙人

２００1年の1月に、２日間パソコンの勉強をしに行った。ポイントを押さえて、実務に役立つように教えてくれてなかなか良かった。ということで久しぶりに遠出をしたわけである。帰りの電車の中で久しぶりに宇宙人に会った。50代くらいの男性だ。気がついたら私のそばにいた。それで、宇宙人が「こちらに同調しろ」という感じだったので、同調してみた。すると、胸がスースーしてきて、しばらく暖かい感じもした。途中、ふと「ホームページに書かなくちゃ」と思っていたら、「ウンウン」と2回うなずいていた。

それで、宇宙人は何かを言ってくるというわけではなく、同調させて感覚を伝えようとしているようだった。そうと気がついて、「あっ、スースーする感じを伝えに来たんだ」と思ったら、急に私の目を見て「そう」と静かに言った。そして、彼は電車が次に着いた駅で降りて行った。

コンタクトの仕事が終わると、電車が次に着いた駅で降りて行くという、いつものパターン。合図かな。そう言えば、何度か、このスースーする感じを伝えに来るだけのコンタクトがあったと思う。１９９8年あたりからだったかと思う。このスースーする感覚に入って行くと、自分が無くなってしまうような感じがしてまだちょっと抵抗があるけれど、しばらく試してみたいと思う。

地球の波動の夢

2001年11月17日未明に見た夢。

宇宙連合SEが出した本が5冊ある。新しい地球、今後の地球のことについて細かく書かれていたようだ。

そのうちの1冊は、ロシアが崩壊することについて書かれてあった。また、他の1冊については、内容が映像になって見えてきて、海の中に魚がたくさん泳いでいるというものだった。洪水になるという意味だったようだ。他にも宇宙人関係の2グループが、新しい地球、今後の地球のことについて表に情報を出していたようだが、なんというグループで、どんな内容なのかは分からない。

私は、そばにいる女性に新しい地球、今後の地球のことについて説明を受けている。「地球の波動はすでに上がっています。その波動に合った生き方をしないと……」という言葉が文字になって空中に浮かんでいる。

宇宙連合SEの本が現実に出ているのかどうか、出ているとしてどんな本かは私の知らないことである。夢の内容は、どうも上がった波動に合った生き方をしないと、洪水が起こるというニュアンスだったようだ。細かいことはよく分からないのだが、上がった波動に合った生き方というのは、

「暖かい心」がポイントになっているようだった。

胸の波動（2）

Nifty Serveでのことを、ホームページに書き込んでいる最中、派遣で新しい会社で働き始めた。初日の朝方、夢を見た。

新しい存在がコンタクトしてきた。人間の姿をしていて、女性である。長くて艶やかな髪を垂らし、頬がポッチャリした、ちょっとベビーフェイスな背の低い姿をしていた。宇宙人でもないけど、人間でもない感じ。私を助けたいと言う。

その後、超能力者が運営している掲示板で遊びに来た超能力者と会話をしていると、この女性が来て、ある3ケタの数字を書き込んで、最後に「メリークリスマス！」と書いていた。

実際に会社に行く途中で、3ケタの数字の意味に気がついた。乗って行く電車で通り過ぎる駅の数を、乗り換え地点ごとに区切った数だったからだ。電車を降りると、最後にバスに乗り換える。だから多分、私の人生で新しい（交通機関の）乗り換え地点まで一緒に行ってくれる、ということなのかもしれない。

また、夢の中で私について書かれた本の1ページだけを見せてくれた。上半分に大きな横長の長方形があって、蓬色《よもぎ》の装飾がほどこされていた。葉っぱの絵が描いてあったようだ。その下に、縦書きで小さな文字で10～15行くらい、文字が書いてあった。このとき、夢には自覚夢とか明晰夢とかいうのがあって、夢の中で意識するとコントロールできるということが、幾つかの夢に関することが書かれてある掲示板に書いてあったことをちょうど思い出し、一生懸命読もうとした。でも、最初の一文しか読めなかった。「あなたはまだやるべきことをやっていない」とアドバイスが書いてあったのだけど、一文でも読めて有り難かった。なにか私にとってよっぽど必要なアドバイスだったのだという気がする。

そして、帰路の電車の中では、とある神様の媒介者のことを考えていた。凄絶な人生を乗り越えて、ひねくれもせず、よく体験をインターネットで発表したなあと感心していたら、優しくて清らかで暖かな感覚に包まれた。だんだん、それが私の中に浸透してきて、一体になったとき、「素直になりなさい」と聞こえてきた。この神様の暖かさは、今まで経験したことの無いような暖かさだった。どう表現したらいいのか分からない。神っていうのは、無意識のように、なんだかよく分からないものなのではないだろうか。だから、神は無意識のように、全てを許容しているのだろう。

2001年4月11日の行きの電車の中では、久しぶりにヒューマノイドに会った。私が座ろうと目指した席に先に座られてしまったので、その隣に座ったら、彼は宇宙人だった。今回は、胸がスースーする波動ではなくて、胸が開いた状態の波動を送って来た。私の胸を開かせようとしていた。ということで新しい内容のコンタクトになったので、今までのスースーする波動については、そういう波動を発する「胸」という大事な部位があるということに気づかせるという意図があったのかもしれない。

私は、彼にテレパシーで「ありがとう。ありがとう」と何度もお礼を言った。すると、珍しく宇宙人は私の方に注意を向けた。いつもは、こういうことがあって心の中でお礼を言っても、どこ吹く風という感じだったのに。それで、ずっと私の方に注意を向けているので、「早く宇宙人たちと仲良く暮らせるようになりたいな」というテレパシーを送った。しかし、彼の方からは「そういうことじゃなくって」というテレパシーが返ってきて、彼は席を立って電車の後ろの方の車両へ歩いて行ってしまった。彼らは実質的に成長する、向上する、真実を知るということを第一に目指しているのだろうと思う。

そういえば、何年か前に胸が開くということに関して、こんな体験をしたことがあった。

夫の知り合いで、ある霊感の強い人と会ったら体が勝手に動き出してしまったという人に、夫と会いに行ったときのことだ。この人は、ともかくなんでもかんでも本心をドバドバ言う人で、一緒にいて胸が開こうとするけど開けなくてすごく苦しかった。その日の夜、ニコニコした顔のおじいさんが夢に出て来て、私の胸を人差し指で指して、「ここだ、ここだ」と言っていた。

この1年くらい後に、或る日、電話料金の請求書を見たら、￥1万1070で、「あれ？　これと同じものをどこかで見たな」と探してみると、子供の服を通販で買ったときの請求金額も￥1万1070だったことがあり、「これは、11月7日に何かあるということかな？」と思っていたら、11月

7日に用事があって、この本心をドバドバ言う人が家に泊まりに来たことがあった。このときは胸は苦しくならなかったけど……。

もしかして、社会通念に一切拘らなくなると、胸が開くのだろうか？　半分冗談だけど、半分本気である。（笑）

夢の現実化

その後「胸の波動（2）」で書いた夢の中で見た本らしきものが手に入った。バッチフラワー関係の小冊子なのだけど、表紙の上3分の1くらいの位置に、横長の長方形の白黒写真が入っている。横の長さはページ半分より少し長めくらいで左に寄っている。写真に映っているのは、芝生の上に水を張った透明なボウルがあって、中に白い（白黒写真なので実際は黄色だったりするかもしれない）花びらがたくさん入っているというものだ。バッチフラワーレメディとは、このようにして花の波動を水に転写したものなのだ。そして、この写真の下に、縦に3行文字が並んでいた。最初の一文は、「なんじ自身を癒せ」であった。ところが、このバッチフラワーの小冊子を手にすると、この実存の自分というものがとても癒されるのだ。夢で読んだ1文とは内容は違っていたけれど、何か意味があるように思う。

この小冊子は表紙全体が青いものだった。夢で見たものとすっかり同じというわけではないけれども、あの夢を見ていたおかげで、自分にとってこの小冊子から感じる波動に重要性があることが理解できた。

新書のシンクロニシティ

バッチフラワー関係の新書が出た。

その名も『マイナス感情をプラス感情に変える』（浅見政資著、東洋経済新報社）である。これには驚いた。ここまでガンガンとシンクロニシティが続くなんて。これをホームページにUPする前日で終わった仕事の最後の入力業務も、3つの青いファイルの背にラベルを貼るべく縦に3行の文字を入力したものだったし。この本も、先日の青い本ほどではないけど、持っているだけで癒された。

バッチフラワーに関する記述の後、第4章「マイナス感情を自分自身で癒す」で終わりになっている。自分で感じた限りでは、著者は実際に生きてきた上で身に付いたことを書いていると思った。それも人間の心理を実際的に幅広く理解しているようで、精神世界でよくあるセオリーみたいなものは感じられなかった。

誰にでもマイナス感情は有り、それを正面から見つめることで少しずつマイナス感情をプラス感情に変えていき、人間的に成長できるという謙虚な主旨で書いたもののようだ。

ん……、今デジャヴュが起こった。このすぐ前の1文に対してである。書かされた＝書くことになっていた1文かもしれない。

『バッチ博士の遺産』

エドワード・バッチ著、バッチホリスティック研究会発行の本である。私が夢の中で見た本は、1ページの行数が10～15行であった。この本は、16行である。夢の中で見た本は、実際の本よりももっと小さい字で行間が広かったけど、実際の本はＢ５よりも小さい型なので、夢の中で先に見ていたことを示すのであれば、夢はイメージ的な伝達であったのかもしれない。この本はバッチ博士の唯一残された著作だそうである。彼の写真も載っているのだけれど、この写真も見ていると癒される感じがする。

『気づき体験記』

佐々木正禮著、たま出版発行の本である。非常に奇妙な体験記であった。受けた印象は、ごく微細な感覚が現実として現れているということだ。幾つかの病気を、夢を見ることによって治療したという著者の経験は私には無いので、考えさせられた。さらに、またシンクロニシティなのだろうか。この著者も胸という部位から重要な体験をしていた。著者がズンベラボーと名づけるなまずのような〝生き物〟が、夜中になると著者の胸から旅立って行くというのである。

そして、この本と関わってから私にも奇妙なことが起こり始めた。私は、本の最初の2、3ページを夜に読んだ翌日の昼寝のときに、ある夢を見た。

子供の頃から付き合いのある友人の、彼氏に会いに行く。別れることになったので、彼氏に返して欲しいものがあると友人に頼まれて、それを私が返しに行くのだ。色々と返し終わってから、最後の最後に私が、「彼女が『最後に一言でも何か言いたいことがあったら電話して』と言ってた……」と友人の彼氏に言うと、「するかよ、そんなもん」と彼が言った。私は泣きながら「お願いだから、頼むから電話してあげて」とすがるように言った……。

私はここで泣きながら目が覚めた。彼女の近況はよく分からないのだけど、何かあったのだろうか。とてもリアルで現実のような夢だった。

そして、『気づき体験記』を読み終わった日の夜は変な夢を見た。

宇宙空間に半円より少し縦幅の狭い形のものが浮かんでいた。それは横に３つ区切りがあった。上の部分は真ん中に縦に区切りがあり、扉の形のようだった。中の部分は色とりどりの様々な模様というか形・意識・世界のようなものが詰まっていた。そして、下の部分は透けて宇宙空間が見えていた。

自分では、この本を読んだことが関係している夢のように思った。

そして、この日の昼（引用した〝生き物〟との出合いのところは読み終わっていたけれど、最後までは読んでいなかった）に寝入った途端、この本の中に出て来た〝生き物〟らしい、黄色くてところどころ黒い、なまずのようなものが、尻尾の先を曲げて立った姿で現れた。そして私に向かってこう言った。「最初の30％は成就したけど、あとは変更になった」。寝入った途端に姿が見えて、びっくりして、「うわっ！」と目を覚ましてしまい、ほんの一瞬しか見なかった夢なので「成就した」のところは「成就する」だったかもしれない。

これは、私がNifty ServeのUFO会議室に書き込んでいたときに受け取った未来情報のことだと思った。ポールシフトによる洪水が起きるかもしれないという内容の情報である。ということは、洪水は起きないということなのだろう。また、この〝生き物〟は宇宙存在であるのかもしれない。だいたい、霊界というと宇宙に行くことである（他の星に行く？）という説もあるようだけど……。でも、何事も絶対だと捉えない方がいいだろうと思う。1つの情報として受け止めておいて、何かあったときに使えばいいと思うのだ。

ともかく、こういう情報を受け取った。これ以後、この〝生き物〟に関連しているらしい夢は見ていない。Nifty Serveでの経験則からいうと、これは「書き込みをしないと、次の情報をあげないよ」という意味になる。そういう意味なのだろうか。また何かあったら書いてみたいと思う。

そして、本を読み終わった翌日の夜、カラオケ教室に行く夢を見たのだが、この夢は何かおかしかった。夢とはとても思えないというか、まるでちょっとだけ違う空間にある現実の世界へ行ってきたかのようだったからだ。夢の中でも、いつも見る夢よりも、現実の世界として振舞う意識が強かった。

ズンベラボーからの影響

その後見る夢も、いやに現実味を帯びている。
いままで見た予知夢のリアル感というのとは違って、夢の中での自分の意識が現実とさほど変わらないという感じなのである。それで、現実の生活では何か心の中がスッキリしてきた感じがするようになった。あと、変な表現だけど、以前より「意識に飲み込まれなくなってきた」という感じがする。

宇宙空間に浮かんでいる半円形の縦幅を短くしたものは、自分の上層意識、中層意識、下層意識を表していたのかもしれない。はっきりと認識できる部分では、まだ扉が開いていなかった。この時点ではまだ、扉を認識できたところだということだろうか。色々な思いが行き来する中層意識には、色々な概念が詰まっていて、潜在意識は、宇宙空間が透けて見えるわけだから、宇宙と一体になっている部分なのだろう。

それと、半円形の縦幅を短くしたものに出会う機会があった。

ヤマザキ春のパン祭りでもらったお皿に、丸いものが貼ってあり、半円形の上の部分の3分の2くらいが切り取れるようになっていた。裏がシールになっていて、これを葉書に貼って応募すると、東京ディズニーランドのパスポート券が抽選で当たるというものだった。ここでシンクロニシティしたんだから、当たってもらわないと……。というのは冗談だけど、半円形の縦幅の短いものの向こうは、楽しい世界が待ってるよとでもいうことなのだろうか。あと、ズンベラボーが本の中で語っていることと関連していそうな、過去に見た夢のことを書いてみよう。

コンビニに行くと、ジュース類の入った扉の付いた棚がある。そこから、お坊さんの声が聞こえてきて、「人間は死んで49日経ったら、あの世へ行く」と言っている。それまで、この扉の中にいる、というニュアンスだった。

もう1ついってみましょう。

現実の世界では見たことのない街にいる。そこに家族連れとか、とてもたくさんの人がいて、皆何か遊んでいるような感じ。私は一人でその街に行っていた。そして、「さあ、帰ろう」と思い、道路に面した壁が一切無い巨大な箱のような建造物のところへ行く。この中でもたくさんの人がいて遊んでいた。その建物に、道路に面した方から入って右端のところに細い階段があり、上っていく。右の巨大な壁の全ては、黒い仏壇になっていた。

私は階段を上りきったところ（高さはちょうど建物の真ん中辺り）から中に入り、現実の世界に戻った。なんだか、簡単にその仏壇から、この世とあの世を行き来できるような感じだった。確か、この街に来たときもこの仏壇から来たのではなかったかと思う。

今、書いていて気がついたけど、2つ目の夢で行ったところは遊園地のようではないか？　どういう意味だろう。天国というやつだろうか。天国です、なんて書いてなかったけどね。

神は楽しんでいる

ふと、以前ホームページに書き込んだ「ズンベラボー」のことが無性に気になったことがあった。それで、「ズンベラボー」と関わった自分の書き込みを読み返してみた。——半円より少し縦幅の短いものが3層になっていて、下層は魂を表しているのか、宇宙が透けて見えている。中層は心のことなのか、いろんなものが詰まっている。上層は自我なのか、当時、宇宙への扉を開こうとしていた。懸賞でディズニーランドのパスポート券を当てるためにハガキに付けて出すシールも同じ形だ。そういえば、以前、大きな仏壇を通ってアミューズメントパークのようなところへ行く夢を見た。天国だったのだろうか。——

と読み返してみた後、ぼんやりしながら、自分の考えていること感じていることの1つ1つがまるで他人事のように、観察されていった。「ああ、自分はなんて小さなことばかり考えているんだろう。人生は、こんなことの連続で、あっという間に終わってしまうんだ……」と思っていたのだけれど、何かを楽しんでいるときは、自分を観察できないことに急に気がついた。つまり、観察する者と自分が一体になってしまうのだ。

どこかでも書いたと思うけど、私にはこの「観察する者」は神だという直感がある。だから、神は常に楽しんでいる存在・状態なのではないかと思う。神・宇宙・あの世・天国……皆ウキウキとした楽しいものなのではないだろうか。このことは、きっとズンベラボーが教えてくれたんだろう……と思い、寝た。そのとき、寝入る前に色々と考えたのだけれど、人の心も何層にも分かれているのではないかと思った。だから、本質的にはなにも矛盾していないのではないか。

あと、色々な人が表では決められた（とされている）一定の形・状態を取っていても、頭の中では色々なことを考え、胸の中では色々な気持ちが渦巻いている。そういうものがなんらかの形でにじみ出て、世界に様々な出来事が起こっているように思えるのだった。

「想念の内容にとらわれるな」

以前、電車の中で善悪について考えていたら、「想念の内容にとらわれるな」という言葉が突然頭の中に入ってきたことがあり、振り向くと宇宙人らしき男性がニヤッと笑っていたということがあった。

最近、自分の自我というか、色々な思いに目を向けるようになったのだけれど、それが良い思いなのか悪い思いなのかということよりも、まずそういう思いがあるということを認識するというか、自分の中にあることを認める、頭に浮かび上がらせる・表出させるということが大事なのではないかという気がしてきた。すぐに悪い思いだということで、自分で触れないようにしていたところがあるのだが、そうすると、自分が本当は何を考えて何を感じているのか、深いところまでは分からなくなるように思う。それに、そう考えてくると、悪いと思っていたこともも っと深く見ることで、悪いことでもないように思えてくる。悪いことにも命があるというか……。

結局、自分の中の深いところで分かっているかいないかが、自分の動作全てに出てくるというか、関わってくるものなんだなあという気がする。

それにしても、自分の中に深く入っていくと落ち着くというか、一種の楽園・パラダイスのような気がするのは何故なのだろうと思う。自分の中の見捨てられていた部分に陽が当たっているような感じ……。天国とか宇宙・神がウキウキする存在であるということと繋がってくるのだろうか。それは、自覚を持って全てを内包するということなのかもしれない。

心の中のカギ

心の中を色々と覗いてみると、何か1つの事柄に対してなぜそう思うのか、なぜそういうことが起こったのかを考えたときに、考えれば考えるほどたくさんの印象が出てくる。どんどん考えていくと、色々なこだわりなどが無くなってゆき、なんだかどんどん自由になっていくというか、軽やかになっていくというか、想念が分解されて気化していくかのような感じがしてくる。とても解決できないと思っていたようなことも、それについて思考を続けていくと、思いがけないヒントが生じてくるもののようだ。

結局、心の中のカギを使わないでいるから、解決できないということもあるのだと気づいた。それでも他人から見たら穴だらけだったり、絶対的な、例えば時間が経たないと解決しないというような問題もあるだろうし、解決のメドがちっとも立たないような問題もあるのだろうけれども。

ともかく、今後のことを積極的に考えていこうと思うのであった。

第四章　ホツマツタエとアメミヲヤノカミ

天使

　2000年の始め頃だったかな。夜中にふと目を覚ますと、淡いセピア色をした丸い光が部屋の中をフワフワと動いていた。本棚の上に置いてある、アマテラスオオミカミの御札の近くにいる。私は寝ぼけながら、何故か「ああ、天使だー、天使がいるー」と思っていた。

　そうしたら、その丸い光から12、3歳くらいの男の子の声が聞こえて来た。一言、私の生活上のアドバイスをしてくれた。声は少年だけど、大人びたイントネーションだった。横尾忠則の娘さんなんかは、翼を広げた大きな天使をよく見るらしいけど。誰だったか、天使はすごく怖いって言ってた。この人の見る天使は迫力があるのかな。

　聞いた話だけど、ライオンに乗った天使が空から降りてくるのを見たことがある人がいて、真昼間だったけど、思わず道路にひざまづいてしまったそうだ。そうしたら、天使が頭に手を置いてくれたのだとか。面白いのは、人間は誰も気がつかなかったのに、民家で飼われている犬が天使の方を見て、ワオ～ンと吠えていたそうだ。動物は人間の見えないものが見えるのだろう。

天使とアトランティスの夢

10年くらい前だったと思うけど、横尾忠則氏のデザインで天使の本が出た。その名も『天使の愛Ａｎｇｅｌ Ｌｏｖｅ』。講談社発行である。文章は、天界からメッセージを受けているという、中森じゅあん氏。よく天使を見るという女性である。

私はこの本を読んで、「これ、本当かなあ?」と一人で思っていた。本当に天界からメッセージを受けているのかどうか、よく分からなかった。そう思っていたある日、夢を見た。

私は空を飛んでいる。私の両脇には、白い服を着た女性がいる。つなぎのスカート状で、裾が地面に付きそうなくらい長いものである。私が空を飛べないので、2人が私の右手と左手をそれぞれ取ってくれている。こうすると、私も一緒に飛べるようになっていたようだ。

すごく高いレンガ作りの円柱の塔へ行く。そこの上の方に、ベランダというか屋根の無い、外を見渡せるテラスのようなところがあり、そこへ降りる。すると、そのテラスにもたれかかって遠くを見ている女性がいる。そして、私の方を振り向いたその女性は、なんと中森じゅあん氏であった。優しそうにニコニコとして私を見ている。

ふと見ると、後ろの廊下から25歳くらいの髪の長い女性がバタバタと慌てて走ってくる。何か忙しそうだ。廊下の向こうには、空が見えた。向こう側にもテラスか窓があるようだ。

気がつくと、テラスにいる数人の人たちは全員女性だった。皆白いつなぎのスカート状の服を着て、頭に白い鉢巻きをしている。何故か日本人ばかり。私だけGパンにTシャツにジャケットで、場違いな感じだ。

外の景色は、どこまでもどこまでも続く大自然だったのだが、緑よりも、水が豊富だった。建造物は他に見えない。塔の下には堀があったのだが、すごく高いところから見下ろしているのに、堀の水の中にいる魚が見えた。すごく水が澄んでいるのである。11階のマンションから見下ろしたときの感覚と同じくらいの高さだったかなと思う。この塔は、入り口というものが無かった。皆空を飛んで、テラスから入ってきているようだった。

とにかく、水・水・水ばかりであった。水の美しいところだった。

私が中森じゅあん氏のことを不審に思っていたので、疑いを晴らすために誰かに連れて行かれたのだろうか。

後日、『MAYA』という雑誌にプラトンの記述を元に描いたアトランティスの絵が載っていて、私の見た夢に似ているのに気がついた。でも、この夢を見る前に読んでいたはずの号で、自分では忘れていたものだった。だから、私の記憶のどこかにあるものだったのかもしれないが、違うところも多々ある。

プラトンの記述（口伝の内容を文字にしたのではなかったかと思う）を元に描いたアトランティ

スは、中心地にピラミッド状の建築物がある。建物に入り口が無いところは、私の見た夢と同じである。この建築物の周りには堀があり、船が往来する交通路になっている。建築物から放射状に道が伸びていて、様々な商業が発達している様子だ。でも、私の見たものは、そんな近代的な世界ではなかった。はて、アトランティスだったのだろうか……?

目覚めたとき、非常にすっきりとした清らかで大らかな気持ち良さがあった。今まで見た夢の中でも特に心に残る夢だった。

水色の古代文字

「天使とアトランティスの夢」をホームページに書き込んでから、少しおかしくなってしまった。体内時計がゆっくり流れている感じで、スピーディーに動けない。同時に、何が起きても大丈夫なのだという感覚が、ことある毎に起きる。仕方が無いので、昨日の夜変化した感覚の中に深く入っていってみた。すると、この夢を見たときの感覚になった。とてもすっきりした気持ち良さ。いつもいつも朝のような感じ。水が生き生きと楽しそうにしていた世界。そのとき、思い出した。子供の頃に見た、水色の古代文字を……。

私が小学2年生の7歳の夏、奇妙なことがあった。朝、起きたら畳の上に寝ていた……のは単に寝相が悪かったんだけど、両ヒザのお皿（半月板）の上に、見たことの無い形をした水色の文字のようなものが書かれてあった。1つ1つの模様が文字のように独立していて、きちんと並んで書かれてあった。四角や三角に一筆か二筆書き加えたような感じ。ヒザのお皿の縁の方に行くにつれて、色が薄くなっていた。確か、そんなに差はなかったけど、左足の方が少なかったような気がする。最初、家族がふざけて書いたのかと思って聞いたのだけど、皆知らないという。学校に行って、皆に「ほら、朝起きたら、こんなものが書かれてあったんだよ」と見せた。皆と笑い合って、家に帰ってから、ふと「紙に書き写しておこうかな」と思ったんだけど、「ま、いいや」と残しておかなかった。今、思うと、それがとても残念だ。夕方には消えてしまっていた。

その後、長ずるにつれて、もしかしたら、何かの古代文字だったのではないかと思うようになり、色々と調べてみたけれど、どれもピンと来なかった。でも、あるとき、「ホツマツタエ」という古代文字を見たとき、「あっ、これだ！」と思った。四角や三角に一筆か二筆書き加えたような感じだったし、実は、私のヒザに「田」という形をした文字があったのを私は覚えていて、その形がホツマツタエの中にあって、「の」と読むのである。もう小学2年生だったので、田んぼの田という字は知っていて、それと同じ形をした字だったので、覚えていたのである。

それで、ホツマツタエに関する本などを買ってはみたけれど、だからといって、何が分かるわけでもない。それで、ずっと気になっていたのだけど、手の平からビジョンが見える女性と知り合ったときに見てもらった。彼女が言うには、ホツマツタエのような新しい文字ではなくて、もっと古い文字だということだった。私はムー大陸にいたのだということだったのだけど……。他の霊能者に見てもらったときも、すごく古い時代に生まれていたことを表すものだということだった。これらのことを思い出して、あの夢は自分が昔いたところだったのじゃないか？　と思ったら、ゆっくりした体内時計や、何が起きても大丈夫的な感覚が消えた。このことを知らせるための現象だったようだ。

あと、なぜ半月板だったのかというのは、以前から考えていたのだけど、私は半月の日に生まれているので、そういう、自分の生まれというか生命のことを象徴していたのかもしれない。

それと、私は小学2年生まで左手首の外側に蒙古班が残っていた。アーモンドの形をしていて、長さが3cmくらいで幅が1cmくらいあった。そういえば、ヒザに出ていた文字の色も似たような色だ。蒙古班というのは、もしかしたらムー大陸なのかアトランティスなのか、あの夢に出てきたようなずっと昔の日本だか中国だか分からないけど、あの水の豊かな世界の生まれであることを表す印なのかもしれない。初めてUFOを見たのも小学2年生のときだったけど、7歳というのも、何か意味のある年齢だったのかもしれない。

夢の中のヒーリング

2001年7月3日、昼寝をしているときに、夢の中でヒーリングをされる夢を見た。天使関係のことが続いていたので、そっち関係からの情報ではないかと思う。

ヒーリングの予約を取っていた私は、夫と子供と一緒にその場所へ行く。子供は何故か3歳くらいになっている。一人で歩けて話せるくらいにはなっている。でも、顔は赤ちゃんのようにかなり幼い。時間帯は夜だった。戸外で椅子に座らせられる。目の前3mくらいのところに南洋にあるような大きな木がある。

私の右側に、子供が保育園のときに担任をしていた保母さんがいる。保母さんが指先で私の頭の横と後ろを揉む。私は浅いヘルメットをかぶせられていたのだけれど、何故か頭を揉むことが出来ていた。指先に少し力を入れるようにして揉む。手の平は使わない。物凄く気持ちがいい。夫と幼くなった子供が私の左側にいて、少し心配そうに私を見ている。揉んでいる最中に、私の背後からそんな人はいないのに、男の人の声が聞こえる。「心を治すときは頭を。体を治すときは体を」どうやら、心と体で揉む箇所が違うようだ。

その後、室内に入る。ソファとテーブルがたくさん置いてあるフロアでタロットをしてもらう。これは、私が普段思っていたことを言い当てていただけだった。夫と幼くなった子供がそれぞれ離れたところへ連れて行かれ、2人ずつのついている人に、私に関して長々と聴取される。私のところに係の人が一人来て、私の両親からも私のことを聞く予定だと言う。

この夢を見た後、頭を同じように揉んでみたら、やはりとても気持ちが良かった。なんだか心が柔らかくなったような気がした。

アメミヲヤノ神	⦶（カ） 手――日――赤宮――火――宗――陽―― ◎（ア） 左巡り――左目――活き――鏡の臣
	⌓（シ） 手――月――白宮――水――源――陰―― ◎（ワ） 右巡り――右目――枯れ――剣の臣

赤いアザが出来る

大変奇妙なことが起こってしまった。「夢の中のヒーリング」をホームページに書いた日（２００１年7月6日）の夜、ふと気がつくと、右手親指付け根の関節の外側のところに、縦に長い楕円形の赤いアザが出来ていた。痛くもかゆくもないし、ぶつけたりこすったり火傷をした覚えもない。長さが１・５～２cmくらい、幅が１cmあるかないかくらいだった。見つけたときは「？」と思っただけだったのだが、昨日（８日）の朝になったら、ほとんど消えてしまっていて、子供の頃に体に出た水色の古代文字と同じパターンではないかと気がつき、色々と調べているうちに様々なことが分かってきた。

まず、今回は色が赤かった。「水色は水なら、赤は……？　……火だ！」そして、親指は何を象徴するのだろう？　そこで、『「秀真伝」が明かす超古代の秘密』（鳥居礼著、日本文芸社）を読んでみたら、〈『秀真伝』には、始源神アメミヲヤノ神が、「⦶」（カ）の手を結び、宗の火から日の輪を造り、宇宙の「赤宮」にすえ、源の水から月の輪を造り、「白宮」にすえたという特殊伝承が載っている〉とあった。

アメミヲヤノ神と右目左目の関係

＊「ア」は⊙で「ワ」は◇という文字なのだが、この2字には渦巻状の別の文字も当てはめられている。

ホツマツタエに出てくる始原神は、手で日と月を作ったらしい。小学2年生まで残っていた水色の蒙古班は、左手首の外側に横向きにアーモンドのような形として表れていた。右上の表の「シ」の字は線が横に引っ張ってある。

最近、右手親指付け根外側に出た赤いアザは、縦長の楕円形だった。右上の表の「カ」の字は線が縦に引っ張ってある。しかし、「シ」の字は右巡《まわ》りの字とされているのに、私の左手に出たか。それは中心から右巡りだからではないか。私の左手首に出た水色の蒙古班は手首の「外側」だった。つまり、右巡りの字は外側から渦を巻くと左巡りになるのである。私の右親指付け根外側に出た赤いアザも同じだ。左巡りの字とされているが、これも外側から渦を巻くと反対の右巡り。このことは、実は過去に見た夢の中で、ホツマツタエに関係しているのではないかと思われたものについてあれこれと考えていたときに気がついたことだった。7日にずっと考えていたことだ。それがヒントになって今回の事象に気がついた。この夢のことも後日ホームページに書き込むつもりである。

ちなみに、この本の中に原初の神と右目・左目に関する神話が日本以外の国にも分布しているらしいとあった。

「中国の『五運歴年紀』には、巨人盤古《ばんこ》の左目が日に、右目が月になったとし、『述異記《じゅついき》』にも、盤古の目が日月になったと書かれている。また西シベリアでは、至高神ヌムの目が日と月でできているとし、チベットでは、逆に観世音菩薩の右目から日、左目から月が出る絵が存在するという」ということである。

右目が日で左目が月だったり、右目が月で左目が日だったりと、神話によって逆になっているのは、この、中心から右・左巡りなのか、外側から右・左巡りなのか、詳細に伝承されてこなかったことが原因なのではないか。私の経験したことから考えて、外側から渦を巻いているものとして考えると、右目が日で左目が月になる。形もアーモンドと楕円形で目の形のようだ。

あと、アメミヲヤノカミは漢字だと、天御祖神と書くのだが、今回親指に赤いアザが出たのは、このヲヤノ神からのお知らせだということではないかと思うのである。あと、半月板、手首、親指付け根の、それぞれ関節のところに文字なりアザなりが出てきたのは、私を通して間接的に神のことを伝えるという意味を表しているのではないかと思う。

また、『言霊《ことだま》の宇宙《そら》へ』(菅田正昭著、たま出版)によると、「一般的に、火は縦にのぼり、水は横(水平)に流れる、といわれる。そして、色彩的にいうと、火は赤に、水は青に例えられる。ここから青を横軸、赤を縦軸とする〈十字〉をつくることができる」とあった。

私に出た赤いアザが縦に、水色の蒙古班が横に出ていたのと同じ形だ。これは十字をも意味していたのだろう。火水でカミと読むとはよく言われるけれど、十字は神を意味するということが象徴的にも表されている。

今まで、胸に貼り付いた宇宙人と悪ふざけの好きな宇宙人を退治した後に金色の目玉がまぶたの裏に見えたことやミドリマナミに第三の目を火で浄化されていたときにもまぶたの裏に目が見えていたのも、当時は違うふうに考えていたけれどこの神様の関係だったのかもしれない。

それと、『言霊-ホツマ』（鳥居礼著、たま出版）によると、ホツマツタエには医術の神様として少彦名命（スクナヒコナノミコト）という神様が出てくるそうだ。この神様は『日本書紀』『古事記』『風土記』『続日本紀』『先代旧事本紀』『古語拾遺』それに医術書の『神医方』などの文献にも出てくるそうなのだが、淡嶋で「葛垣打琴《かだがきうちのこと》」を習い、「アワの歌」と雛祭りを民に教えたことは、ホツマツタエにしか記述されていないということである。

琴を弾きアワの歌を教えることで五臓六腑を整え病を癒したそうなのであるが、「夢の中のヒーリング」では、琴のように指先に力を入れて頭を揉んでもらった。また、彦は男子の美称という意味があるが、少彦名命はそれが少ない、つまり少年という意味だとすると、私の息子が幼くなって夢に現れたことも関係があるのかもしれない。

また、赤いアザが出たのは、ちょうど七夕の頃であったが、機織りはホツマの根幹的思想なのだそうである。私のヒザに7歳のときにホツマ文字が出たこと、初めてUFOを見たのも7歳だったことも、ここからきているのではないかと思う。

最後に、どうも神様というのは人間が自発的に神を知ろうとするようになることを待っているように思える。それは、考えることを捨てて従うということとは違うものだ。自ら納得し、自発的に近づいてきてほしいのではないか。本当に愛情が通うということを大事にしているのかもしれない。いつの間に、神様は偉くて支配的な存在になってしまったのだろう。神様も宇宙人も友達でいいんじゃないだろうか。その方が軽やかでスッキリするなと思うのである。

創造神話の中の水

昨日の夜、半年くらい前に買っておいて読んでいなかった『水の夢』（カリン・アンデルテン著、渡辺学訳、春秋社）を開くと、創造神話の中に出てくる水の世界のことが書かれてあった。創造神話の大多数は、世界は水から始まったとしているそうだ。紹介されている神話を引用してみよう。

（〈　〉が引用部分）

旧約聖書の創造神話

〈たとえば旧約聖書の創造神話は、世界のはじめは形がなくむなしかったといいます。それは、本来の創造以前のとき、いまだ名前も形もなかったときです。ただ、「神の霊が水の面を動いていた」とだけいわれるのです〉

パプア・ニューギニアの創造神話

〈「はじめ、陸も山もなく人間もいなかった。大地の表面は水で覆われていた。ただ一つの生き物、巨大なカメがいただけだった。このカメは長い間あちこち泳ぎ回っていたが、休息したいと思ったので泳ぐのをやめた。カメは力強いひれで海底の土を盛り上げた。長いことかかって水上に最初の陸地が現われた。陸は光り輝いていた。なぜなら、それは後に現われるはずの生命をはらんでいたからだ」。その後では次のように言われています。「この陸地はどんどん大きくなり、とうとうカメがよじ登り休息をとるまでになった。ひと休みしてから、カメは地面に家のように大きな穴を掘り卵を産んだ。それからまた少し進み、また穴を掘って卵を産みつけた。しばらくして、この卵から最初の人間がかえった」〉

北アメリカインディアンのある部族の伝承

〈「はじめに大地は見渡すかぎり水で覆われていた。もちろん陸の動物もいなかった。なぜなら陸地などどこにもなかったので、動物はどこで生活できるのか知らなかったからだ。するとカニが、海底から土をもって上がって陸を造ろうではないかと提案した」。そうして、ついに陸地ができたといいます〉

インドの神話

〈「はじめに、大水から、この世の一切はできあがった。大水の上を『創造の主』が風となって動いていた。主は、水の中から蓮の葉が出ているのを見て、どこか安らぐための場所がなくてはならないと考えた。主は大地を発見してイノシシの形となって水から大地に上がった。イノシシは蓮の葉の上に上がって石で葉を押さえた」〉

もしかしたら、地球は始めは海だけで陸がなかったのかもしれない。ホツマツタエの天「ア」が火（日）なのは分かるとして、地「ワ」が水になっているのは、地球の生まれた頃から（またはその名残を残す頃から）の文字であることを示すのではないだろうか。

ホツマツタエの「ア」の字は、⊙と◎になっている。前字はモロに太陽だし、後字は銀河系の形だ。銀河系の中心は天の川の射手座の方向だそうだ。ホツマツタエで機織りが根幹思想になっていることも銀河系を意識していることを示すと思う。

では、「ワ」の字はどうか。ホツマツタエでは、⟐と◎になっている。前字は菱形だ。菱ってなんだっけ？　と思って辞書を引くと水草だとある。やっぱり地は水だったことを表すのだろうか。渦は単純に水だろうか？

そして、私が夢で見た白い服を着た人しかいなかった世界は、世界が一面水だったので空を飛んで移動していたのだろうが、その後陸が出来て足を使うようになるうちに、飛ぶ能力が退化したのではないだろうか。幽体離脱とか千里眼は、当時は普通だった飛ぶ能力の一種なのではないかと思う。そういえば、22、3歳の頃だったかに、急に夜寝ていたら左足がスースーしてきて肉体の感覚がなくなってしまったことがあった。そのままにしていたら、全身にスースー感が行き渡ってきた。頭の天辺まで行き渡って、肉体の感覚が全く無くなったとき、何億年も生きてきたような感じがした。あと、ありとあらゆることを考えたり感じたり出来そうな自由な感じがした。

そうだ。水にならば浮かんでいても体は軽く感じるけど、地面を歩くと重く感じる。そういう意味でも陸が出来たことで肉体による束縛感というのが強まったのかもしれない。

「100日経った」

2001年7月15日に見た夢である。

何人かの大人の人たちが2つのグループに分かれて、広い部屋の中で踊るようになにかしら動き回っている。ホツマツタエの火のグループと水のグループである。水のグループの中の一人の中年女性が、見ている私に向かって「100日経った」と言っている。

眠りながらずっと、ホツマツタエの2つの渦の文字について脳が考えていた。何か、あの2つの文字のように、渦を巻くように踊っていたような気がする。裸だったような気もするけど……。そして、朝起きてカレンダーで100日前を数えてみた。7月14日でまるまる100日経ったという日は、4月5日である。私のホームページで4月5日にUPしたページはあっただろうか？　調べてみると、あったあった「胸の波動」だ。ン？　ンンン？　このページは、私のホームページの中の100ページ目ではないか!?　100日目で100ページ目？　もしかしたら、このことを書けということかもしれない。

私は「水色の古代文字」を自分のホームページに書き込んでから、WEB上でホツマツタエに関する書き込みを読むと、胸から澄んだ冷たい水がその文章に向かって流れていくのを度々感じるようになった（いつもではない。理由は不明）。つまり、私が感じる限り、胸の波動とホツマツタエの表す水・原始の地球に満ちていた水は通じるものがあるということだ。それを、100日目と100ページ目という形で知らせてくれたのだろう。

なんだか物事はあらかじめ起こるべくして起こっているかのようだ。

初めての神秘体験

私の生まれて初めての神秘体験を書こう。4歳のときだった。

夜中にふと目を覚ますと、天井の隅に鬼の顔が3つ浮かんでいた。青い鬼と赤い鬼とがいたのだが、どちらが1匹でどちらが2匹だったかはもう思い出せない。「お祭りのときに店で売っている鬼のお面と同じだなあ」と思っていた。目は合っていたのだけど、私を見ていないような感じだった。感情的な反応が全然無くて、無生物のようだった。

最近、このことを思い出したのだが、青い鬼と赤い鬼だったのは、ホツマツタエの青と赤に何か関係していないだろうかと思った。そう言えば、雷様というのも鬼の姿をしていなかったか。

雷は、雲と雲との間、雲と地物との間に生ずる放電現象だという。稲妻は、空中電気の放電するときにひらめく火花だという。天（火）と地（水）との間を火花が（火）流れる（水）。ちなみに、雷文というのも、ホツマツタエの天（火）と地（水）の模様になる（上の「雷文」図参照）。

そう言えば、＋と－は、縦棒1本と横棒2本になる。ホツマツタエでは、縦が赤、横が青（水色）を表していたけれども、鬼がプラスとマイナスのことを示していたのだとすると、赤鬼が1匹で、青鬼が2匹になる。はっきりと覚えていないのが何とも残念だ。

雷文

太極図

どうも、ホツマツタエはプラスとマイナスが融合した概念を表しているようだ。プラスとマイナスの間を電流が流れてエネルギーが発生すること。とはいうものの、それって何だろう……。人間の体を電流が走るとしたら、それって好きな人のことを思ったときでは……？　そうだ。ホツマツタエは、夫婦和合の道を説く思想でもあるのだった。七夕伝説も、男と女の逢瀬《おうせ》の話だ。稲妻は、稲夫とも書くらしい。色々と調べているうちに、易の勾玉が抱き合ったような太極の形も銀河系の形と同じだと気がついた（前ページの「太極図」参照）。外側から右回りの形、宇宙の始めの混沌とした状態、陰陽の未分化の状態を示す。これが天の姿だとしたら、地の外側から左回りの形は、陰陽が離れているものが一体になろうとする形かもしれない。だとすると、ホツマツタエの夫婦和合の思想も合点がいくのだが。

子供のときから経験してきたことが繋がっていく。こういうことだったのかと、生きているうちに知ることが出来て良かったなと思う。

助言に現れた霊体

昨日の夜、深夜だったが、右を向いて横向きに寝ていたら背後に霊体が来た。急に目が覚めて気がついてしまった。

霊体はまず、私が深く寝入っているかどうか、厳しくチェックしているのが分かった。それで、霊体は何かスラッとしゃべった後、ホツマツタエがどうのこうのと言っていた。この辺りは、何をしゃべっていたか覚えていない。それで、ぼんやりしていたけど目が覚めていた私は、厳しいチェックから逃れようとして寝入ったフリをした。でも、緊張して呼吸がすごく不自然になってしまったのが、自分でも分かった。霊体も狸《たぬき》寝入りに気がついたようだが、別にとがめだてしなかった。

その後、霊体が「水の世界でもあるけれども、光の世界でもある……アジアは」と言った。これは、頭の中で何度も反復して覚えておくことができた。昨日のホームページへの書き込みで、雷のことを書いたけれども、稲光がそれほど重要であるとは気づいていなかった。水の世界であったことに気を取られていて、プラスとマイナスの間を電流が流れることで光がつくことが重要であることには気づかなかった。

普通、プラスとマイナスは相反するものとして位置付けられているけれども、電流が流れることで一体になり、光を発生させることができる。どうも、このことは水の世界であることと同じくらい重要なようだ。それと、霊体は過去形ではなく、現在形を使ってしゃべっていた。最後に、「日本は」ではなく、「アジアは」と言っていた。やはり、蒙古班の生ずる民族を指しているのではないかと思う。蒙古班は、白人や黒人にはごく稀にしか生じないそうだ。

そうすると、やはり蒙古班の生ずる民族＝アジア人種＝水と光の世界の住人ということになりそうだ。

私が今まで書いてきた推論も、訂正が入らなかったので、向こうとしてはＯＫだということではないかと思う。最初に、何を言ったか覚えていない言葉については、なんとも言えないけれども。

また、その後、目を覚ましながら色々と考えていたら、背中がムズムズしてきて……なんだか翼が付いたような感じがして仕方がない。でも、おかしいのは背中に付いているというよりも、肉を通って胸の前面から翼が付いているような感じがすることだ。どういうことなんだろうか。

ホツマツタエ関係の情報が途切れない。まだ来るだろうか。

水と光

「水の世界でもあるけれども、光の世界でもある……アジアは」という言葉。これは、アジア地域に住む、黄色人種の肌の色のことを示してもいるのではないかとふと思った。光（黄色）の肌をして、水（水色）のアザ（蒙古班）が出る人種……。ちなみに、髪は黒い。「神様が来た」の、紙＝神という考え方から言えば、髪＝神でもあるのかもしれない。そうすると、髪＝黒＝宇宙＝神だとすると、ホツマツタヱでいうところの始源神である、アメミヲヤノカミが宇宙そのものだとされていることと繋がってくるように思う。

やはり、人間は、神にデザインされて創られたのかと思ってしまうのであった。

思い出したこと

昨日（2001年7月17日）、ホツマツタヱの本に書いてあるホツマ文字を見ていて思い出した。昨日来た霊体は、最初にホツマ文字の映像を私の頭の中に写して（夢という形で見させて）、文章にして何かを伝えようとしていたのだ。でも、内容は思い出せなかった。それと、霊体の言葉を聞き終わってからぼんやりと考えているときに、霊体のことをアメミヲヤノカミだと思っていた。それも、どうしてそう思ったのか、何か理由があったような気がするけど思い出せない。うーん、残念。でも何かの拍子に思い出したら書き込みをしよう。

ホツマツタエで重要なこと

19日の未明に、ふと目を覚ますと隣の部屋で「バシッ」とラップ音が鳴った。その音と一緒に声無き声というかテレパシーで「ホツマツタエで重要なのは3という数字による概念だ」というような内容が聞こえて来た。ホツマツタエの中の3という数字を元にした教えというか、考え方・概念に気づきなさい。注目しなさい。重要なところだから——というような気持ちが伝わってきた。そこで時間をかけて色々と調べたのだけど、どうもピンと来ない。

でも途中、昼に子供と近所のファミレスに行ったときに、「あれ?」と思うことがあった。注文した後にウェイトレスが置いていったレシートの番号が「131」だったのだけど、前にもこんな番号のシンクロニシティがあったことを思い出したのだ。

その前の週の土曜日に、子供を連れて近所の病院に行ったら、診察代が1310円だったのである。そしてこの帰りにコンビニに寄って買い物をしたら、また代金がちょうど1310円で、子供と「えーっ!?」と驚いたことがあったのである。この3回目の「131」で、0を省いた「131」を元にして考えればいいのだと気がついた。でも、なんだろう?「131」? 3という数字が重要なんじゃなかっただろうか? それで、ホツマツタエ関係の本で3という数字に基づく概念をもう1度調べてみた。

ホツマツタエでは、天地人の三才思想がある。ホツマ文字、48音に組み込まれているのである。つまり、「天（ア）の位」「地（ワ）の位」「人（ヤ）の位」の3層に48文字が分かれているのである。天はアイウエオ、地は天と人を除いた文字（ヰとヱを含む）、人はワヲンになっている。これは、それぞれ君・民・臣とか、父音・子音・母音という呼び方で分かれてもいる……。

ここで「あっ」と気がついた。私には子供が3人いる。だから私の家族は父が1、子が3、母が1という人数で構成されている。つまり、これが「１３１」だったのだ！　病院とコンビニの買い物は3人の子供を連れて行った。ファミレスには保育園に通う下の2人の子供は居なくて、長男とだけ行った。しかし、いずれにせよ、子供と一緒の行動だった。3が重要視された行動からくる数字だったのだ。これではっきりした。天・地・人という三才思想がホツマツタヱでは重要なのだということが。

そう言えば、今年の4月、「秀真」と書いて「ホヅマ」と読む人に出会った。ホツマツタヱは漢字だと秀真伝と書くのだが、今回の一連のことが起こる前兆だったのかもしれない。

旅先の収穫

２００１年7月24、25日に、茨城県の大洗《おおあらい》海岸へ行った。ホテルへ向かう途中、すごく大きな白い鳥居があって、何の神様を祭っているのか気になって仕方が無かったけど後で観光することにして、海で遊んだ。25日の未明には、以下のような夢を見た。

ホツマツタエの48文字の一群が見える。大昔にはホツマツタエの「文字」だけで（他の文字は使えなかったというニュアンスではなく）しか神様と交信できなかった。そういう古い時代があったという説明が48文字の一群から伝わってくる。

この48文字の一群の左隣にも48文字の一群があり、それが次の時代のことを示していた。次の時代は、文字でも交信してきたし、人に想念を伝える方法でも交信するようになったという。2番目の48文字の一群の左隣には、何も書かれていなかったのだが、それが一番新しい時代のことを示していた。つまり現代のことで、現代は人に想念を伝える方法だけで交信するようになったという。

この日、帰る前にすごく大きな白い鳥居のある大洗磯前《いそさき》神社へ行ってみた。御祭神は、大己貴命《オオナムチ》と、少彦名命だった。先日見たヒーリングの夢と関係していたらしい神様である。『文徳天皇実録』によると、西暦856年に夜中に大洗の海の空に光があって、翌朝2つの石が海にあったという。高さはどちらも一尺ほどで、僧の姿をして、耳と目が無いものだったそうだ。そして、大洗の人間に神がかりして「我はこれ大己貴、少彦名神也。昔この国を造り常世《とこよ》の国に去ったが、東国の人々の難儀を救うために再びこの地に帰って来た」と伝えてきたという。多分、人間に神がかりしてしゃべったこの時代は、私が当日に夢で見た内容の、現代の部類に入るということなのだろう。なにか、これが本当に起こったことなのだと知らせたくて私に夢を見させたように思う。

また、今まで、ホツマツタエの伝える世界を水の世界としてばかり考えていたら、光の世界でもあるのだとか、天と地のことばかり考えていたら、人のことも含めた三才思想のことを伝えてきたりしていたので、今回も、ヒーリングの神様としての少彦名神だけでなく、大己貴命(大国主神)のこともクローズアップさせたかったというか、ホツマツタエ関係の本にも書いてあったように、この2神でワンセットとして捉えてほしいということなのかもしれない。

この神社では、大己貴命を、国造りというか国土開拓、殖産興業に力を尽くす神様としているが、ホツマツタエでは、少彦名命と共に医術の祖神となっている。また、この神社の創建当時の社名は「大洗磯前薬師菩薩神社」なのだそうだ。本居宣長は、この神社の社名は、薬の神からくる「くすし」の読みで仏名の「やくし」ではないと言っていたそうだ。

それにしても、旅先まで仕組まれていたようで……。ここまではっきりとしたシンクロニシティや現実と繋がる夢が多発した流れは経験したことがない。やはり自分の生まれに関することにこそ、最も大きな力が働くのではないかという感慨が起きてしまう。

土の中から出て来る私

2001年7月27日未明、また奇妙な夢を見た。

土の中に私がいて、土を掻いて地上に出る。それが世界の5ケ所の地域にまたがっていた。まず、日本。土の中には私の他に女性1人と男性1人がいて、共に土を掻いて外に出た。女性の顔は、最近近所で一緒に夏祭りの担当をした人たちの中の一人だった。次にこの女性と「天使とアトランティスの夢」に出てきた塔の中にいる場面になった。彼女がテーブルか何かの上に（テーブル状のものははっきりと見えなかった）なにか慎んだ様子で何かを置こうとしていた。白い服を着ていたけれど、ミニのワンピースだった。吹き抜けの窓が彼女の背後にあって、空が見えた。男性は雰囲気は感じるものの、どこにいるかは分からない。

次に、エジプトだった。私のすぐ左隣に女性が1人土の中にいて、共に外に出た。女性の左側にはレンガが縦に積み上げられていた。どうもピラミッドの中だったようで、建築中のような感じだった。私の右側2mくらい離れたところにもレンガが積み上がっていた。このときは、土の中にいる自分というものを夢の中で強く意識してしまい、恐怖感が生じてしまった。

その次は、ヨーロッパだった。ヨーロッパ各国を合わせた広大な地域としか分からない。ここでは土から出て歩き回った。ゆるやかな丘陵地帯の野原を歩いていくと、そこここに木が生えていて、木の下に人が座っている。私がそばを通ると、皆、手を振っていた。男も女もいた。

もう2ケ所は印象が薄くてよく覚えていないのだが、日本にごく近い地域だったようだ。恐らく、中国か朝鮮半島か台湾、香港あたりだと思う。インドネシアとかベトナム方面まで遠くはなかったように思う。

どこでも、最初にメインとして外に出るのは私になっていた。登場人物は全て日本人だった。

最初の日本。これは、女2人男1人なので、+と−の、横棒2本縦棒1本のことを表しているのだろうと思う。横棒は水で地のことを、縦棒は火（日）で天のことを表しているので、女（母）2人男（父）1人の計算になる。しかし、+と−は雷のことだろうから、光の国日本ということを特に意味しているのかもしれない。しかし、近所の女性が出てきたのは非常に予想外のことだった。そう言えば、彼女とは色々なことがあったなあと思う。昨夜、読んでいた本の中に（ズンベラボーのことが書いてあった本）「同じ地域に住むということの縁」について書かれてあったことを思い出す。前世で一緒だったのだろうか。

それにしても、一体全体どういうことだろう。土から出てくると、他の国に出てくるというのは。日本では、あの水の世界の塔があったけれども、エジプトとヨーロッパは水の世界ではなかった。分からないので、本で調べてみたら……また新たなことが分かった。『「秀真伝」が明かす超古代の秘密』（鳥居礼著、日本文芸社）にピラミッドのことが書いてあったのだ。

「ピラミッド＝高天の原」の発祥の地は日本である

エジプトの大ピラミッドが、なんのために造られたかという説には、ファラオの古墳説、生命維持装置説、日時計説、天文台説など諸説があり、結論が出ていない。かつて日本のピラミッド研究家の酒井勝軍《さかいかつとき》がピラミッド発祥の地は日本であると明言したが、私も『秀真伝』の「高天の原の原理」から考えて、まことにその通りだと思う。ピラミッドの謎は「高天の原の原理」によって解ける。

さきに修験道の「神奈備信仰」についてふれた。これは、山を神の霊《ひ》のこもれるものとする古代の民族信仰で、その山には神の霊をこめるための神籬《ひもろぎ》を立て、磐境《いわさか》を祭るのがつねとされる。また、その神の霊を祖先の霊とするのが、古い形であるとも考えられている。「神奈備山」とは、天界「高天の原」に帰るための地上「高天の腹」なのである。山は地上の腹なのだ。「神奈備山」は母の子宮ともいえる。天界に〝神〟となって生まれ出るために、母の子宮の中にこもるのである。

このような「高天の腹」としての「神奈備信仰」や、天界との交流地としての「高天の原」の超古代伝承が、エジプトにも伝えられ、そこに美しい山がなかったために、人工的にピラミッドを建設したのではないだろうか。くしくも、酒井勝軍がピラミッドは「天の御柱」の「八尋《やひろ》の殿《との》」であるとしている点も、『秀真伝』の思想とまったく一致している。

ピラミッドは高天の腹で子宮を意味するのではないかという説だが、そうだとすると、私の夢の中で私の左隣に女性がいて、ピラミッドの中にいたということが、それを意味していたのかもしれない。エジプトが出てきたのはホツマツタエの思想がこの地にもあったことを示しているのではないだろうか。また、ヨーロッパに関しては同書の次のような内容から意味が読めた。

クリスマスは世界共通の民族伝承だった！

読者もご存じのように、「クリスマス」は、イエス・キリストの降誕を記念する日とされている。ところが、キリスト教において「クリスマス」が十二月二十五日に固定されたのは、教皇ユリウス一世（在位三三七～三五二年）のときであり、それほど古いものではないのである。

ではなぜ、十二月二十五日が「クリスマス」になったのだろう。じつは、古代ヨーロッパの「農神祭（収穫祭）」と冬至の祭りが、その原型だったのである。ヨーロッパの民族信仰（民族宗教以前の超古代信仰）としての祭りに、四世紀になって、キリストの降誕記念日が習合してきたのだ。

ヨーロッパでは、冬至に植物と農耕の神「サトゥルヌス（サターン）」を祭り、収穫を祝っていたし、ローマでも、やはり冬至の日に、ミトラス教の太陽神「ミトラ」の誕生の祭りが行われていた。すなわち、十二月二十五日は、古代ヨーロッパにおける（１）農神祭（収穫祭）と（２）太陽祭（冬至祭）が、合体した祭日であったといえよう。

また、「クリスマス」には欠かせない「ツリー」だが、これも本来、古代ヨーロッパの民族信仰から生まれたものだった。

もともとヨーロッパでは、冬至を祝い森に行ってモミの枝を折り、家の戸や部屋に立てていたのである。常緑樹は不死のものとして崇拝され、とくにヒイラギは悪霊を追いはらう強い力があると信じられていたらしい。また、北ヨーロッパでは、冬至に最高神「オーディン」への感謝の印として、収穫物の象徴であるメッキしたリンゴをツリーに結びつけた。さらに、古いゲルマン信仰では、なんとやはり冬至が祖霊を祭る日だったのである。

さて、これらのヨーロッパの民族信仰を、日本にあてはめてみると、どうだろう。冬至の収穫祭は、旧暦の冬至にあたる日に行われる「新嘗祭」、太陽祭は、アマテル神の誕生日としての正月にあたり、ツリーのかわりに門松を立てる。また、日本でも昔は冬至に祖霊祭が行われていたという記録がある。もともと世界の人々は、みな同じような信仰をもっていたようである。

古代のヨーロッパと古代の日本は同じような風習を持っていたようだ。夢ではそれを知らせるために、ヨーロッパの土地の木の下（モミの木ではなかったが）に、日本人を座らせて手を振ることで気づかせようとしたのだろう。

先日、テレビのワイドショー番組でトルコ大使のインタビューをしていたけれど、日本語とトルコ語はよく似たものがたくさんあるそうだ。日本語の「はい」はトルコ語では「はいはい」だそうだし、神は「カム」と発音すると言っていた。

夢の中で土の中から出てきた国のうち、日本に近い国2ケ所を覚えていないのは、きっと日本とかなり似た風習を持った地域だったせいかもしれない。

前世からの友人

前日書き込んだ「土の中から出て来る私」にあるけれども、夏祭りの仕事を一緒に担当した人たちの中の一人が、夢の中の水の世界の塔の中にいた。前日、夏祭りの打ち上げがあったので行ったら、その人が全身水色の服を着てきた。実は、「土の中から出て来る私」を前日UPしたとき、間違えて彼女が着てきた服と同じ色の背景を入れてしまっていた。そんな色の服を彼女が着てくることは当日になって初めて知ったことなのに、なんという偶然だろう。実際に見ていた方もいると思うけれど。違う背景を後で入れたので、一瞬この色の背景が出てしまったのだと思う。彼女は、まるで「私は水の世界の塔にいたのよ」と（無意識に）言っていたかのようだ。やっぱりそうだったのだろう。

ゆっくり話をしてみようと思って隣の席に座った。そうしたら小学校の先生を12年間やっているという。ところがその小学校が、私が約20年間住んでいた住宅のすぐ近くにある小学校だったのである。区域の関係で私が通っていた小学校ではないのだけれども。「同じ場所にいた」という意味なんだろうか。彼女とは色々な話をして勉強にもなった。しかし、子供の頃からの気心の知れている友人ではなく、近所に住んでいる主婦が（重要な）前世と関係していたりするというのは、思いがけないことであった。

天の数

「銀の夢（3）」をホームページに書き込むために編集していたとき、以下の記述があったことをNifty Serveでのログから思い出し、ハッとした。「天を示す数は、一・三・五・七・九の五つの奇数」の部分だ。ホツマツタエでは、古代日本の年中行事として、一月一日、三月三日、五月五日、七月七日、九月九日をあげているのである。『言霊 - ホツマ』（鳥居礼著、たま出版）によると、

一月一日……餅、天地の敬い
三月三日……桃に雛
五月五日……菖蒲《あやめ》に粽《ちまき》
七月七日……棚機
九月九日……菊栗祝い

となっている。これを「3」の数字の関係で調べているときに読んだのだが、このときは、どうしてこの並びで11月が年中行事になっていないんだろう？　と思っていた。しかし、易経の考え方のように、一・三・五・七・九が天を示す数だとして、ホツマツタエでも捉えられているのだとすれば、11月が省かれていても納得できる。

鬼の意味

また、「銀の夢（3）」を編集していて鬼の夢を見ていたことを思い出した。「鬼神（帰伸＝陰陽の屈伸消長）を表す要素である。――注：屈伸消長……陰と陽とがたがいに消長し、転化し合うこと」。この部分は、鬼の姿をした雷が意味する＋と－のことでもある。どうやら鬼というのは、このような意味があるようだ。＋と－がただ別々に存在するのではなく、互いに関連しながら自己の働きをしている。Nifty Serveで「鬼は丑《うし》と寅が合体したものだ」という書き込みを読んだことがあるのだが、四柱推命では、丑は－の支、寅は＋の支である。そういう意味でも、鬼は丑と寅の合体したものだと言える。しかし、12支は子から始まっているのに、なぜ子丑ではなく、丑寅の－＋の合体になっているのか。それは、－から先に数えたかったからではないかと推測すると、「銀の夢（3）」で左からドアを開けたことと繋がってくる。そうだとすると、－・陰・女性性を先に持ってくることにやはり何か意味があることになる。この辺がいくら考えても分からない、分からない……。と思って本を読んでみると、やっと関連のありそうな記述があった。

『実在した人間　天照大神―その民衆愛と平和の思想―』（花方隆一郎著、たま出版）や『言霊-ホツマ』によると、アメミヲヤノカミは最初に天御中主尊（アメノミナカヌシノミコト）を産んでいる。このアメノミナカヌシノミコトは地球と人間を作った後、天に帰った。この時点での人間は知恵を持たない、いわゆる原始人であった。その後、アメミヲヤノカミによって次に産まれた国常立尊（クニトコタチノミコト）が、人間に知恵を授けたということである。つまり、女性性を表す「地」が最初に産まれたのだということではないだろうか。

最初に産む性である女性があり、知恵や文化を発展させていく性である男性との相互作用に進化があるのかもしれない。女性は知恵の働きというよりも、本能的に生じてくるエネルギーに生きる性で、男性は直感的なエネルギーのままに動くというよりも、用意周到に知恵を働かせる性なのかもしれない。

アメミヲヤノカミ

2001年7月27日未明に「土の中から出て来る私」の夢を見た後、意識を保ちながら夢の中に入っていけないだろうかと試してみた。目をつぶってやっていたら、まぶたの裏に目が見える。ギラッギラッという感じで目玉を動かしたりまぶたを閉じたり開いたりしている。なんだか渦を巻いているような勢いというか動きというかエネルギーがあった。私が「目ってなんだっけ？……あっアメミヲヤノカミだ！」（参考：「赤いアザが出来る」）と思ったら、その目が「まだ始まったばかりだ」と言う。次に「見ているぞ」と言った。目が覚めた状態ではっきりと聞いた。しばらく、プライベートなことを少し話したが、怒ったり褒めたり突き放したりして、はっきりズバッと言って来るところは、ヒューマノイドに似ているなと思った。ヒューマノイドやアメミヲヤノカミ同様、ギリシャ神話の神々や日本神話の神々も、結構人間的だなと思う。

これらのことをメモに書き終えて寝床に就くと、今度は滝が見えた。次に森の間の小道。以前見た、原始の地球の夢を思い出した（「UFO関連の夢（2）」）。「おまえの……」と聞こえるがよく分からない。チラッとやめたいと思ったあと、やっぱりやろうと思ったが続かない。急にこの後、胸が……透明になる感じがしてきた。とってもとっても気持ちがいい。こんな感覚を味わったのは生まれて初めてだ。ヒシヒシと感じるのは、「人間は命から伝わってくる行為を、素直に行うのがいいのだ」という気持ちだ。人間は神だったんだ。生きとし生けるものは、皆、神だったんだ。という実感が生じる。そういう気持ちが、後から後から出て来る。有り難い有り難い体験であった。この体験は、「銀の夢（1）」の中で書いた、UFO目撃体験に繋がってくると思う。今後、透明で光を内在した意識へシフトアップするということなのではないだろうか。

また、水というのは、そもそも水色ではない。水色は空の色を写した海の色だ。水はそもそも透明である。そして、光も内在しているとなると、ホツマツタエとアメミヲヤノカミ関連で、今まで受け取ってきた情報と無関係ではないように思った。水を水色として象徴してくる場合と、透明として象徴してくる場合とあるようではあるが。

2001年8月2日には、アメミヲヤノカミにアクセスしようとしたら、まぶたの裏に、こちらを向いたピストルの弾のようなものが見えた。鉛色をしている。直径が7～8cmくらいもあったように見えた。「あれ？　ピストルの弾かな？」と思ったら、「核戦争が起きる前に、全て書きなさい」という声が聞こえてきたのであった。これはNifty ServeのUFO会議室で書き込んだものを全てホームページにUPすることを指すものと思い、時間をかけてやっとUPを終えた。

解体されて透明になる

２００１年10月８日の未明にふと目が覚めたときのことだった。自分の中の考えや気持ちが解体されていって、何も無くなっている状態になった。「ああ、これが〝透明〟ということなのかな」とそのとき、思った。それで、朝起きてテレビをつけると、戦争が始まったことを告げる内容のニュースが流れていた。解体されていった過程というのは、自分の中にある考えや気持ちを自分のものとして持っているという意識ではなく、それを外側から見て、１つの考え、気持ちとして捉えていくというものだった。勝手にそうなっていった。

後で思ったのは、ヒューマノイド宇宙人には、「プライバシーという観念が無い」という話と関連しているのではないかということだ。あらゆる考えや気持ちは皆のもの、共有されたものとして捉えているのではないか。そう言えば、アダムスキーは、「想念観察」を勧めていた。観察することで、宇宙的な（奉仕的な）想念か、自我的な想念かが見分けられるようになる、ということだったけれど。

個人的な直感では、この世界を「見ている者」が神なのだと思っている。自分の中に、この「見ている者」がいる……。meditation（瞑想）の語源は、medicine（薬）だと聞いたことがある。逆にいえば、特定の宗教や思想にこだわり過ぎるのは、病的なことなのだろう。希望として偏見や先入観によらず、出来る限り透明な意識で物事を捉えていきたいと思う。

有翼人

『祭祀遺跡の黙示録　古代岩石芸術とは何か』（吉田信啓著、中央アート出版）に書かれていることに関する出来事である。私は、この本は少し読んで「面白そうな本だな」と思い、買ってはみたものの、内容を丁寧には読んでいなかった。いいと思った本は、買っておかないと後で手に入らなくなったりするからとりあえず買っておいたのだ。でも、２００１年の夏にホツマツタヱ関連のシンクロニシティが起こったときに、何かホツマツタヱに関する記述は無いかと、この本を開いてみたことがあった。すると、古代秀真国の民が太平洋を隔ててアメリカに渡った等の記述があり、そこを読んでいたら、胸から冷たい清らかな水が本に向かって流れて行くのを感じた。

なんでも、北米の北西海岸を根拠地とし、やがて内陸部に移動し、今ではアリゾナ州、ニューメキシコ州、ユタ州にまたがる地域に定住しているズニ族というアメリカインディアンがいるそうで、そのズニ族の言葉には、日本語と同じ語源を持つものが３０００もあり、発音も同じだということだ。それは、ズニ族の言語と風習を長年分析したスタンフォード大学のナンシー・ヤオ・デイヴィス女史博士の研究によるもので、「ズニ族が部族の伝承で、自分たちの遠い先祖は太平洋の西の国からやって来たと言っているように、語彙や習俗、血清遺伝子構造などからの総合分析結果と照合して、その故地が日本であったことを示すものだ。ズニ族は、日本の上代のある有力な海洋民族が太平洋を渡って北米海岸に到達し、定住したものだ」という彼女の学説は、アメリカ碑文学会、アメリカ文化学会、ハーバード碑文学会、ニューイングランド古代史学会などでの論争を経て、いまや有力な文化人類学上の定説として受け取られているのだという。

また、北半球の、しかも北方に集中して見つかる、世界の岩石芸術研究者の間で有翼人（Winged People もしくは Sky People）と呼ばれるペトログラフがあるそうだ。北シベリア、アリューシャン列島、カナダの北西部、北海道余市のフゴッペ洞窟のものがそれで、普通の手足の他に、肩から出た翼状のものを持った人像の線刻や絵画があるのだという。また、ホピ族は鳥人の舞いをするそうだし、バイカル湖畔やシベリア、アイヌ民族の間で、シャーマンは飛ぶ力を持つと信じられていたそうである。もしかしたら、インディアンが頭に鳥の羽をつけたりすることも関係があるのかもしれない。このことは、私が夢で見た空を飛ぶ人たちのことを連想させ、あの水の豊富な世界は、古代の秀真国が関係する場所のことではないかと思わされるのである。

愛情を持った思い方

「最近、アメミヲヤノカミと接触がないなあ」と思って寝たら夢を見た。内容はよく覚えていないのだが、夢を見終わった直後に目を覚ました私は、夢の内容を覚えておこうとして内容を要約した言葉を何度も反復しておいた。「愛情を持って見れば、汚れているようには見えない」と。まあ、確かにそうだ。自分の子供に対してが一番簡単にそうできると思う。でも、物凄くひどいことをしてきた他人にもできるだろうかと考えてしまった。アメミヲヤノカミは、いつも本質的なことをズバッと伝えてくる。

色々と考えていたら、夢を見た日の朝、読売新聞の日曜版に落語家の柳家花緑《かろく》氏のインタビュー記事がたまたま載っていて、読んでシンクロニシティを感じた。「すべての理由は自分にある。自分が変われば世界が変わる」という言葉があって。彼はおじ（柳家三語楼氏）と祖父（柳家小さん氏）が落語家であることで子供の頃から落語家になることが決まっていたそうだ。18歳のときに昇進して下働きから解放されたそうなのだが、この頃、自殺を考えていたそうである。一番の理由が自己主張をしたときに、すべてを否定されたからだったそうだ。

でも、真打ちになった現在はたくさんの視点を持つことができるようになり考え方が変わったという。いつも「小さんの孫」として見られ、自分の思いを落語で伝えられなくなっていたけれど、小さんの孫だからこそ、皆に興味を持ってもらえる、だから僕は幸せなんだと。思い方1つでどうにでもなると。この思い方というのが、アメミヲヤノカミに言わせれば、愛情を持った思い方なのだろうと思うけれど。でも、そんな風に生きている方もたくさんいるのだろう。そういう人たちのおかげで世の中がまがりなりにも続いていっているのだろう。

夢＝現実

ある日の夜、中国の積極的な無慈悲な行動（ああいう国だから『論語』みたいな思想が出来たのかも）にドタマにきて心理状態が悪かったのだけど、そのままの私が夢に出てきた。夢を見る前にウトウトしていて、何か胸……というよりも上半身全体がスースーして気持ちが良かったのだが、どうも心理状態が悪かったので癒されていたようであった。それで、見た夢の中に昨夜の自分そのままが出てきたことにハッとして「え!?　どうして!?」と声を出しながら、はっきりと目を覚ますと、今度は、私の足元の掛け布団を誰かが持ち上げて少し右にずらして、また元に戻していた。でも、暖かい感じで全然怖くはなかった。

「今のは何だろう?」と思ったら、アメミヲヤノカミの少し笑いを含んだ声が聞こえてきた。言葉自体は忘れてしまったのだが、夢自体が現実と同じものになり始める、というような意味内容だった。中国の今回の行動に怒りが湧いても湧いても、湧いたそばからスースーしてきて変な波動が消去されていくので、私は自分に害を受けなくて助かっているけれども。

第五章　シフトが完了した地球

月の衝撃（1）

２００2年1月の29日、水瓶座に運行している太陽と正反対の獅子座の位置に月が運行してきて、満月となった。水瓶座には、度数的にずれているけれど、この他に金星、水星、海王星、天王星が運行中だった。獅子座には、私の出生の月がある。だからだと思うけれど、私は、月（感情）が揺さぶられてしまった。その後、2月に入って2回ほど深く悲しむようなことがあった。そして、19日に決定的に自分が変わらなければならないようなことが起こり、今までの意識をチェンジすることになった。

大きく心が動かされたのは、太陽と月が正反対の位置になった満月に、4惑星が絡んできたことが大きいような気がして仕方がない。それと、去年6月の皆既日食。皆既日食の後の満月は少し時間が経ったものでも、西洋占星術上、結構大きな作用があるらしいのだ。この数ケ月後に、私の進行の太陽と月が1室で新月を形成し、私の人生の新しい（新月）自発的な（1室）流れが起こるという象意と重なる。物事に気がついても、そのエッセンスに身も心もなじんで血肉になるまでには少し時間がかかるということなのかもしれない。

内閣の改変があったのもちょうど満月の頃であった。本質的に私と同じような流れなのかどうか。

月の衝撃（2）

この時期に雪印やＮＧＯ問題やオリンピックの判定問題が起こったのだけど、どれも不正が明るみに出るというような現象だった。

満月というのは、暗闇の中で最も大きく月が光っている状態である。暗闇（不正）の中に光（明るみ）が当たるという現象ということなのかもしれない。ちなみに、太陽と、４惑星が通過中だった水瓶座は「組織」とか「仲間」を表す星座なので、水瓶座の太陽にとって闇に当たる方角で満月になり（太陽の光が最大に反射した方角に月があり）、組織的な不正に光が当たったということなのだろう。さらに言えば、「ヒューマニズム」「対等」を表す星座でもあるので、物事を人間として対等に取り扱わないことからくる不正に光が当たったともいえるだろう。

感覚的には、個人的なことと同時に、先の３問題はどうもまだ当分終わりそうに無いような感じがこの頃していた。色々なことがもっともっと明るみに出てきそうな……。

それにしても、なぜ、この頃こういうことが起こっているのかが非常に気になっていたのだけれど、それが、まだよく分からないでいた。もしかしたら、これが本格的な「水瓶座の時代」というやつなのかな、という気持ちはあったのだけれど。

夢の中で目覚めながら見た夢

2002年2月24日の朝、変な夢を見た。

私の家の1つの部屋の中に、アメリカのラムズフェルド国防長官がいる。着ている服は、普段着で、淡い黄色の地に茶色く縦横に線が入っているシャツを着て、灰色で細かく縦横に灰色の線が入っているスラックスをはいている。

彼は、パソコンの前に座っている……のだが、彼の前にはふすまがあって、それが半透明状態で、パソコンにふすまが閉まった形で半透明に接触していた。それだけではなくて、ふすまは宙に浮いていた。実際には有りえない位置だけど、部屋がふすまの向こうにあるように感じた。彼は、椅子に深く寝そべるように背もたれながら、その状況に「うわっ」という感じで身体を少し斜めにして避けるようにしていた。私は、その状況を彼の背後で見ていて、色々なことを読み取った。

彼は、何か寮のような建物の管理人で、3、4人の若い男性を建物から助け出したことがあった。そして、それは彼の大変な逸話になっていて、私自身その逸話から感じる雰囲気を学ぼうとしていた。ところが、それは、昨年の9月11日の同時多発テロのことなのであった。そして、これはなんのことだか分からないのだけど、背後から彼を見ていたら、「午後7時、午後7時」という声が何度も聞こえてきた。しかし、ここまでの情景は、実は夢なのである。夢の中で、目覚めたまま立って夢を見ていたのである。

この後、私は、家中の窓を閉め始めた。最初に窓を閉めたとき、私は外からその窓を通して家の中に入ってきたようなことをチラッと考えていた。他の窓からは、富士山が見えた。すると、富士山の色が下から赤くなり始め、天辺まで真っ赤になった。どうやら燃えているようだった。天辺まで真っ赤になって、私が「あっ、爆発するっ」と思った途端、富士山は、いつものようにと全体がパッと白くなった。このとき、「3月」という文字が胸の中に浮かんで見えた。そして、この富士山を見ていた情景も、実は夢なのであった。また、立ったまま夢を見ていた。（つまり、夢の中の自分が夢を見ていて、目覚めて夢だと思った状況もまた夢だったということ）

次にこの窓の左にある部屋の奥の方に目をやると、私が3、4人の女性と一緒になごやかに談笑しながら椅子に座っているのが見えた。見えた人数よりも、実際はもっとたくさんいたような感じだった。皆女性だ。私を含め、皆、スーツを着ている。これから会議が始まるところだ。スーツを着ていたから正式な会議なのだろう。今までの過去のことを考慮して、これからの未来を決定する会議だった。この会議の情景も、実は夢なのであった。

他の窓（2、3ケ所）を閉めるシーンと、会議の中身がもう少しあったと思う。（何か〈複数の出来事〉の後に会議が始まるという）印象が薄くて、目覚めてすぐにこれを書いていたのだけど、思い出すことができなかった。まさか、これが予知夢だったら怖いことだと思った。

一連の出来事の続報

「夢の中で目覚めながら見た夢」を見たのは、前夜に書いた「月の衝撃（2）」の中の、「なぜ、いまこういうことが起こっているのか？」という疑問に答えたものなのかもしれない。

「夢の中で目覚めながら見た夢」の中で、ふすまが半透明になって出て来たのは、最近、関わっていた「たまゆら」が半透明なことと関連しているように思った。半透明というのは、あの世とこの世の境目が無くなってきているという意味ではないかと思う。

「夢の中で目覚めながら見た夢」は、目が覚めて内容を色々と思い出し、気がついたら午前2時半で、その後、ホームページにUPして寝たら、また夢を見た。

未完成のホームページに私が神様のことを書き込んでいる。まだ、3、4件くらいしか書き込んでいなくて、人に作ってもらったホームページなのだが、まだ、デザインもデモンストレーション版のような形になっていた。

私や他の人は教室のようなところに座っていて、何か（誰か？）を待っていた。何かの作業を女性たちがしていた。私はホームページに書き込む仕事。他の女性は何をやっていたか分からない。一人、それぞれの女性たちを管理する男性がいた。30代後半くらいだ。

この後、仕事を終えて、新しく教室に入ってきたとき、皆階段を駆け登り、走って席を取り合っていた。私は一番前を取った（そこしか取れなかった）。2列目の席を取った、ある特定の女性（黄色いワンピースを着ている）と私はコンビを組んでいた。何のコンビかは分からない。
　そして、席の外れたところに、サーフボードの形をした黄色い紙が2枚あって、それが何かをしゃべっているようだったのだが、内容などは思い出せない。

　この夢を見て目を覚ましたとき、テレビがついていて、料理番組をやっていたのだけれど、しばらくして、気がついたら誰も触っていないのに消えていた。そのとき、「最初からついていなかったんじゃないのか？」と思った。多分、そうでしょう。なにか、夢と現実の区別、あの世とこの世の区別がつかなくなってきているのではないかと思う。夢の中で、物質がしゃべっていたというのもそうではないかと思う。

「午後7時」の意味（1）

「夢の中で目覚めながら見た夢」の中で、ラムズフェルド国防長官を後ろから見ていたら聞こえてきた、「午後7時」という言葉の意味を急に思い出した。未来を決定する会議に出ている私が「午後7時から会議が始まるからそれまでに……」というようなことを言っていたのを思い出した。何か複数の出来事を経てから、会議は始まることになっていて、「それまでに」複数のことを済ませておこう、ということだったように思う。

しかし、夢の中の「午後7時」という時間自体に何か含むものがあるのかどうか、まだ、よく分かっていなかった。

「午後7時」の意味（2）

2002年2月27日の朝、「午後7時」の意味が分かった……。

前日の夕方、町内の役員会から夫に連絡事項が書かれた紙が封筒に入って届いていた。持ち回りで、今年、夫に町内の役員を引き受けて欲しいと電話があったのは、2週間ほど前のことで、私はそのことについて書かれてあるのだろうと思っていた。

今朝になって、夫が「3月17日は、仕事があって役員会に出られないなあ……」とぼやいていた。でも、すぐ後に「あっ、大丈夫だ。家に帰って来てから出られる」と時間を見直して言ったので、「何時からなの？」と聞くと「7時から」と言うのである。「あっ」と思った。それで、よく連絡事項を読むと、集会所は洋室になっていた。私が、「夢の中で目覚めながら見た夢」の中で見た、未来を決定する会議も椅子に座っていて洋室だった。集会所には、和室もあるのだけれど……。議題は、今期の業務や活動の報告と、来期の総会準備と役員の任務分担についてである。この会議で来期の総会の内容と役員の任務分担が正式に決定されるようだ。私が、夢の中でスーツを着ていた意味と通じるものがある。

また、「夢の中で目覚めながら見た夢」で、過去のことを考慮して、未来を決定することになっていたのは、過去（今期）においての業務・活動で良かったものは続行し、必要無いもの・良くなかったものは省くということにして、未来（来期）の業務・活動を決定するということではないかと思われる。霊的にも、そういう方向へ行くのかどうか……。

あと、気になったのは、下の子が実は3月16日生まれで、この会議のある3月17日が娘にとって「2歳」になってから最初の日となることだ。娘が2歳というと、「大洪水の後の夢」で私の娘が2歳という年齢で出てくるのだけれど、このことと関係があるのではないかと思うのである。つまり、シフトが完了した日がこの3月17日なのではないかと思うのだ。

この夢を見た日の朝、このことに気がついたのだが、さらに、この日の午前中は、歯医者に行って「親知らず」を抜いてくるということがあった。それで思い出したのだが、「銀の夢（1）」でも、歯を抜いたことがあった。このとき、その帰り道でUFOを見ているのだが、これが半透明のアメーバ状のもので、うっすらと光を内在しているものだった。やはり、これも「たまゆら」に似ている。つまり、やはり半透明ということで、あの世とこの世の境目を表しているのだと思うのである。

シフトというのは、生きて肉体を持ちながら、霊的に目覚めた状態のことを指すのかもしれない。「夢の中で目覚めながら見た夢」でも、ラムズフェルド国防長官がシャツもスラックスも縦横に線の入った服を着ていた。縦は天、横は地で霊と肉体が交差している様を表しているのだろう。また、黄色いシャツを着ていたし、「一連の出来事の続報」に出てくる、私とコンビを組む女性の服や、しゃべる紙は黄色であった。しゃべる紙はサーフボードの形をしていて水（青）に関連しているので、黄色い服を着ている女性とコンビを組む私も「青」を意味するのかな？ と思ったのだけど、ここはよく分からない。ラムズフェルド国防長官は、海軍のパイロットだったそうで、これは水（青）と関係しているようだ……。

あと、「夢の中で目覚めながら見た夢」で、私が最初に窓を閉めたとき、外からその窓を通して入ってきたのは、ホツマツタエ関連で見た水の世界の塔を想起させるものだった。つまり、黄色と青の世界である。

結局、娘が2歳のときに起こるらしい洪水は起こるのかどうか……。3月17日にシフトが完了するのであれば、起こらないということなのだろうと思っていた。

シフトの行方

「夢の中で目覚めながら見た夢」の中の富士山を見ていた情景なのだけど、爆発というか、噴火しそうで噴火しなかったというのは、洪水も起こりそうで起こらないことになったということではないかと気がついた。もし、そういう意味なら起こらないだろう。

では、なぜ自然災害が起こらずに済むらしいのか……。それは、ラムズフェルド国防長官の逸話からとてもいいものを感じていたことに原因があるのではないかと思った。他には、あの夢からは思いつかないのだ。なにか崇高ですっきりした気持ちのいいものだった。その雰囲気から、夢の中の私はそのエッセンスを学び取ろうとしていた。助け出された男性たちは、10代後半から20代前半くらいの黒い髪をして白いシャツを着た人たちだった。暗くなっていて顔は見えなかった。

それで、思ったのだけど、アメリカの国防長官とテロ事件が結びついているということは、アフガンのタリバンやアルカーイダを攻撃したことを指しているのではないかということだ。もし、攻撃しなかったら、アメリカに住んでいるたくさんのアラブ人が、今後何年も何十年もアメリカ人の中でいじめられたり殺されたりしたのではないかと思うのだ。でも、アフガンに攻撃に入ったことで、アラブへの恨みによるアメリカ人の爆発は免れただろう。自分たちの国が大きな攻撃を受けたことで、反射的にやり返す衝動の強い、アメリカの中の一部の暴力的な人々は、アラブ人への危害を加える可能性が高かったと思うし、危害を加えるほどではないアメリカ人からの、鬱屈した復讐心や疑心暗鬼に、アラブ人もさらされずに済んだのではないだろうか。夢の中で助け出された男性たちは、そうしたアラブ人を指すのではないかと思うのだ。そうした表には出ないけれど大きな衝動が、自然災害になって出ていたということなのかもしれない。精神世界では、よく言われていることだけど。

ただ、アフガンで誤爆を受けて亡くなった人たちは、大変お気の毒だったと思う。生きのびて、世界中から援助を受け、アフガンで平和に暮らしたかったでしょうに……。あのテロ事件が、かえって世界を反テロで1つにしよう、世界中の国で協力して平和を作っていこうという流れになったのだから皮肉なことだ。

そして、3月17日以降の地球はどうなっていくのだろうか。どのようなことが起こるのか、宇宙人と公に接触できるのか……。

リバイバル

アメリカが常に全て正しいとは思わないけど、とにかくラムズフェルド国防長官がキーになっているようだった。彼は、フォード大統領時代にも国防長官だったことがあるそうで、これを知って「あれっ？」と思ったのだ。なにか最近、身辺でリバイバルしているなあと思うからだ。同窓会があったこともそうなのだけど、同窓会のことで連絡した友人（同窓会には来なかった）とも久しぶりにやりとりが復活するということもあった。お互いに「ねえ……」の一言でその場に関係ないことでも相手の言いたいことが分かってしまうほど仲が良かったのだけど、色々とあってあまり連絡を取り合わなくなってしまっていたのだが……。

それと、同窓会のときの写真がハガキに印刷されて届いたのだけど、なんと、私の右の肩と胸と二の腕にかかる辺りに白く光る玉が写っていた。実際には15cmくらいの大きさになると思うのだが、光るものは身につけていなかったし、デジカメが原因なのかもしれないけれど、もしかして「たまゆら」だったのでは？　と驚いた。

あと、夢で青と黄色が関係していることから、あの水と光の世界がリバイバルするのではないかという気がしていた。推測に過ぎないけれど書いておこうと思い、ホームページにUPしておいた。

3月17日の意味

「「午後7時」の意味」に書いたように、3月17日にシフトが完了するらしいと分かった。

しかし、一体なぜこの日になったのか……？　各種占星術の暦などを見ても、特にピンとくるものはない。だいたい、大きなイベントが有るときは、西洋占星術では速度の遅い惑星が次の星座に入るときだったり、日食、新月、満月などがあったりするものなのだけど、そういうわけでもなく……。ただ、年初めに読売新聞からもらった、高島易断が編纂している『平成十四年福寿暦』で3月17日の項目を見たら、「鹿児島霧島神宮お田植祭」とあったことは、シフトがこの日に完了すると分かってから、頭の片隅にあった。

そして、２００2年3月10日に、近所の本屋にふらっと入って、いい本は無いかとなんとなく探していた。すると、新書のコーナーに霊能者関係の本が1冊だけ置いてあって興味を惹かれて買った。『ある医師の遺言　奇跡を呼ぶ霊視の威力』（牧内茂著、ぶんか社）である。

内容は、老齢の元医師が「太郎ちゃん」と呼ぶ霊視者と出会って体験したことが綴ってある。太郎ちゃんという方は、あらゆる霊を感知するだけではなく、相談者の様々な問題や過去を一目で見抜き、本人が自力で実質的に解決する方法も分かるほど霊視能力の有る方のようである。これが本当だったら、随分、能力的にも人間的にも優れた人だなあと思って本を読み進めていたら、以下の記述に出会い、「あれ？」っと思ったのである。

彼は、若い頃からたくさんの霊現象を体験し、逃れることができず困っていた時期があったのだが……。

あるとき、「俺は死ぬこともできない」と窮地のどん底にある太郎ちゃんに、大阪の友人から一人の霊能者に会うことを勧められた。

それは岐阜に住むN氏である。N氏は太郎ちゃんを見て、「あなたには大勢の霊がついている。霊に守られているようでもあり、霊が従っているようでもある」と話し、九州の鹿児島にある霧島神宮に行くことを告げた。

そこで太郎ちゃんは何もわからないままに霧島神宮に行き、神職者と面談しているうちに、目の前が明るくなってきたという。そして太郎ちゃんは、霧島神宮で霊体験をしてその霊力が認められ、霧島講社の長野県支部長になったのである。

こうして霧島神宮のなかでは最年少、二六歳の支部長が誕生した。「何年修行しても支部長にはなれないのに、何で自分がなれるんですか」という太郎ちゃんの質問に、神職者たちは、「あなたは生まれたときから、こうなることが決まっていたんですよ」と口を揃えたという。

ここを読んで、「あれ？　霧島神宮（の名称）が出ているぞ」と思ったのである。これに気がついたのは、3月12日の夜だ。

その後、これは3月17日に関連するシンクロニシティではないだろうか？　と思い、インターネット上で「霧島神宮」を検索して色々と調べていた。そして、最初に或るホームページを開いたときに、「霧島屋久国立公園マップ」という四角の枠の中の右下部分に「御池」という場所があるのを見て、後に書いた「寝る前に見た映像」で右下部分が切り取られたように角張っていた池の映像を思い出したのだ。もしかしたら、このことだったのではないだろうか？　と思い、この「御池」の写真を見てみた。すると、私が「寝る前に見た映像」で見たように、小波の立つ池であった。でも、私が寝る前に見た映像では、もう少し緑色が入っていたのだが……。

さらに他のホームページを調べているうちに、「寝る前に見た映像」の中の霧の深い山の中のペンションの映像を思い出した。ここで、霧島神宮というのは、霧の中の神宮なのだと気がついた。これで、霧島神宮が3月17日に関わっているのは間違い無いと思った。

その後、今度は、もう1つ見ていた桃の映像はどういう意味なのか探っていった。最初は、霧島地方に3月頃、桃の花がたくさん咲くところがあるのかな？　と思ったのだけど、色々なホームページを覗いても、そういう記述・写真は全く見つけることができなかった。それで、確かホツマツタヱ関連の書籍に、桃は百のことでひな祭りの由来と関係していたなと思い見てみると、『ホツマ』の原文二紋「天七代床神酒の紋」の四頁に、ひな祭りの起源についての明らかな記載があるということだった。鳥居礼氏が現代文に直したものは、以下である。

天の真栄木《まさかき》、すなわち鈴木を植え継ぎ植え継ぎして、五百本目が終ろうとする頃、御世嗣の男神は大濡煮尊《うひぢにのみこと》と申されました。君は、女神少濡煮尊《すひぢにのみこと》を妻として迎え入れることとなりました。そして、めでたく夫婦の道が定まったのでした。そのもとは、昔、越の国（北陸地方）の日成ケ岳にあるお宮に、一人の皇子が誕生されました。その皇子は不思議なことに、手に木の実をもって生まれてきたのです。その実を庭に植えると、三年後の三月三日にりっぱな木に成長し、花も実も百個なったのでした。百《もも》になったので、それにちなみ、桃（百）の木と讃え名づけたのでした。またそのときに、二神の名も桃雛木尊《ももひなきのみこと》、桃雛実尊《ももひなみのみこと》としたのです。この名前の「ヒナ」とは、まだ人と成る前という意味です。また、木と実の関係によって、男神の名の最後に「キ」という音をつけ、女神には「ミ」の音をつけるのです。伊奘諾尊《いざなきのみこと》、伊奘冉尊《いざなみのみこと》も同様です。

二神は、雛からやがて成人されました。ある年の三月三日に、神酒を造り初めて献上された神がありました。折しも花開く桃の木のもとで、桃雛木尊と桃雛実尊が「ミキ」を酌み交わされたので、「ミキ」の名にちなみ、その酒をまず女神《み》が飲まれ、後に男神《き》に勧めて飲まれました。種を植え、桃の花が咲いたのが三年目の三月三日だったので、その数にちなみ三三九度に酌み交わしました。これが現在でもおこなわれている、結婚式のときの三三九度の盃の始まりです。

その盃の儀が終った後に、二神は床入りをされ、夫婦の契りを結ばれたのでした。ゆえに、このときの酒を「床神酒」と呼ぶようになったのです。三三九度の盃は、夫婦交合のために体の順気を整えるための酒なのでした。

この桃が百であるということから、私は「１００日経った」と関係しているのかもしれないと思うのである。１００の意味のことを昨年色々と調べているときに、桃が百であると気がついたのだけど、それ以上のことは分からずにいた。もしかしたら、今回のシフトと胸の波動とホツマツタエが「１００」という数字で繋がっているのかもしれない。

そして、桃の節句に飲む白酒の由来が、上記の記述にあることからくるもののようなのだけど、ここで気になったのが、２００２年2月10日に秩父長瀞《ながとろ》の宝登山《ほとさん》神社に行ったときに甘酒を飲んだことだ。後日、広告で2月10日の秩父長瀞は、甘酒祭りが催される日であったということを知ったのだが、「なぜ、甘酒祭りなのか?」と思っていた。それで、今回インターネットで調べると、埼玉県の狭山から秩父辺りは、2月の10日頃は甘酒祭りが催されるところがあるようなのである。どうも、当初は白酒だったものが、甘酒に変わったということのようであった。

あの、宝登山神社に行ったことも、今回のシフトと関係していたのではないか? そう言えば、一連の動きは1月29日の満月から始まっていた。そもそも、宝登山神社とはどういう由来でできたものだったのだろうか。日本武尊が東方征伐に行った帰りに、この山の泉の水を飲んだという由来であった。それが、この東方征伐は、ホツマツタエによると、「秀真討ち」と言われるものだったそうなのである。なぜかというと、東方征伐の東方とは、東北の日高見地方のことで、ホツマツタエによると、この地にはエミシの他に、タカミムスビノ尊という神様の子孫たちがいて、その子孫たちを討ったということのようなのである。日本武尊は、そもそもこの子孫たちとは先祖が同じだったそうなのだが。

『古事記』『日本書紀』ともに、タカミムスビノ尊は、アメノミナカヌシノ神の子とされ、一代限りだそうなのだが、ホツマツタエでは、クニトコタチノ尊の孫のキノトコタチノ尊の別名として「タカミムスビ」という名があり、それ以降「タカミムスビ」が五代続くそうである。初代タカミムスビの父であるハゴクニノ神は、日高見の高天原の地に、アメミヲヤノカミが最初に作った神様であるアメノミナカヌシノ神を祭ったそうである。また、五代目タカミムスビ（トヨケ神）は、天地開《かい》闢《びゃく》のときに活躍した四九の神（言霊神）を、日高見の高天原の地に遷座し祭ったそうだ。これらのことから、地上高天原と、天界高天原の交流と考えられる宇宙祭祀に、タカミムスビ系の神が深く関わっていることが分かってくるということである。鳥居礼氏は、このことから、「タカミムスビ」とは、「ヒタカミ」と天界高天原を「ムスビつける」神という意味の役職名であったのではないかと思っているそうである。

しかし、天孫降臨の地は、九州宮崎の高千穂峰ではなかっただろうか。ところが、ホツマツタエによると、天孫降臨したニニキネノ尊は日高見に生まれ、その後、東北から日本の各地を巡って、最晩年に高千穂峰の洞に隠れ、神上がったとされているそうなのである。また、各ホームページを調べていたら、2月11日の建国記念日の由来は、天孫降臨した日とされるという説があることを知った。そうだとしたら、甘酒祭りが2月10日、11日頃に開催されることも繋がってくるように思う。

結局、霧島神宮というキーワードはなんだったのだろうか。霧島神宮は、噴火で神社が2度焼失しているそうなのだが、「夢の中で目覚めながら見た夢」に出て来る、噴火しそうでしなかった富士山を思い出してしまう。最初にあった霧島神宮は高千穂峰と噴火口の間にあった。そもそも、霧島神宮は、天孫降臨したとされるニニキネノ尊を祭る神社である。ホツマッタエには無いけれど、ニニキネノ尊が刺したという「天の逆矛」は高千穂峰にあるので、古代の人々はその近くに霧島神宮を建て、ニニキネノ尊を祭ったのだろう。

また、ニニキネノ尊は三種神宝《みくさのかんだから》を携えて高千穂峰に降り立ったというのが通説であるが、ホツマツタエには、三種神宝はミコオシホミミノ尊に天照大神から授けられ、ニニキネノ尊は御機《みはた》の留《とめ》の文《ふみ》のみを、天照大神から授けられたとされている。しかし、この三種の神宝の授受以前は、二種の神宝といえるものがあったそうだ。それは、秀真文字（ヲシテ）の⍌（と）と天の逆矛で、イザナキノ尊とイザナミノ尊がこれを用い国を治めていたそうである。鳥居礼氏によると、この⍌こそがわが国の言霊の中でももっとも重要なもののひとつであり、国の頂点に立つ君が納むべき神璽《しんじ》なのだそうだ。神璽という概念は中国伝来のものではなく、⍌の秀真文字としてわが国古来より存在したものだそうである。ホツマッタエにはイザナキノ尊への神宝伝授についての天照大神の詳細な説明を、二三紋「御衣定め剣名の紋」に見ることができる。「徹る誠の⍌の教ゑ」とあることから、⍌が「トホル」「マコト」の「ト」であることが考えられるそうだ。また、「マトの教え」の「マト」は、真の⍌の教えということであり、「ヤマト」「イヤマト」と関係するそうだ（注：イヤマトのイヤは、もっとも、著しくの意味)。一七紋には、〓についての明快な説明がある。

〓は整えるの「ト」であり、二神が親となり民を子として養育され「〓の教え」をもって、生活の乱れていた民にホツマの道を教え人となしたとある。この「〓のヲシテ」の他にも、「シラヤのヲシデ」あるいは「百の文」「御機の文」などがあるそうで、この「文」の類は、天位を継承するのに必要な数々の祭政についての教えが書かれたものと考えられるそうである。だから、ニニキネノ尊は御機の留の文を、天照大神から授けられたのだろう。三種神宝の中にこのようなヲシテや文が存在し、それが皇位継承の際の最も重要な神器となっていたようである。また、「〓の教え」が大切な理由は、トホカミエヒタメ八神のうちのトの神が国を守護しているので、「〓の教え」を守れば〓の天神と宗《むね》を一にすることができるとホツマツタエにあるということのようである。また、ホツマツタエでは、日本のことを「〓下国」とも呼ぶそうだ。

このように「〓の教え」は、天に坐す神につながる道だったということである。では、この「〓の教え」とはなんなのか、〓の字義を説いている『三笠記』にあるトヨケ神の教えから意味を拾ってみよう。このページの〓の字にある四角は長方形になっているが、元々は正方形だそうだ。それは、大地の形象であり、大地に生きる国民を想念した表現であると、秀真伝の研究家、花形隆一郎氏は言っている。Yの字は、「君」が両手(真手)を天高くあげて立つ姿であり、それは「君」がアメミヲヤノカミのご威光を受ける姿であると同時に、そのご威光をもって国民を抱きかかえ、篤《あつ》く恵む姿でもあるそうだ。また、字義を説いている言葉の中に、国民を平等・公平に均《なら》し治めることを目的とするという意味の言葉があるそうで、この字形はそれ自体が、「君」がこの世を平等・公平に治めることを意味する「神形」なのだとの教えなのだそうだ。この辺は、水瓶座の時代と同じことを意味しているように思う。

次に天の逆矛《さかほこ》だが、『ホツマ』原文の二三紋十頁にある「ホコ」の語源を紹介しよう。「治むる道の　みだれ糸　切りほころばす　器物　天の教ゑに　逆らえば　身に受く天の　逆矛ぞ」。鳥居礼氏の解説によると、機織りをもって政治の原理とするホツマの道において、邪《よこしま》なみだれ糸を切りほころばす（滅ぼす）のが矛なのだそうである。また「逆矛」とは、天の教えに逆らう者をホコろばすの意味だそうだ。やはり、「月の衝撃（2）」で書いたように、不正が暴かれる時代になるということかもしれない。

また、霧島神宮を調べようと思って、『鎮守の森ルネサンス』（山田雅晴著、ジュピター出版）という本を開いたら、開いたところに田の神についての記述があり、「ハッ」とした。霧島神宮のお田植祭が3月17日にあるからだ。本には「この山の神が田の神でもあります。田植えのときに山からおりてくるのです。田植えでは早乙女たちが田植え祭をして、山の神に豊作を祈りました。いわば、山と農耕の神は一体なのです」とあった。去年のお田植祭は、6月3日だったそうだ。なぜか、今年は3月17日になっているけれど。ニニキネノ尊（ニニギノ尊）が山から降りてくる日なのだろう。山とは、天の逆矛のある高千穂峰だろう。

この日から、神の教えが地上において本格的に正当に働き始めるようになったのではないかと思う。「リバイバル」の意味もあるようなので、神代の時代のように、皆心が澄んでくるのかもしれない。青と黄色の……水と光の世界がリバイバルしてくるのかもしれない。
あと、いつも家に遊びに来る子供の友達が、3月17日が誕生日だと言っていた。この子の母親は、去年の夏に地域のお祭りで、一緒に水ヨーヨーを担当した人である。うーん、これも意味があったのかもしれない。

寝る前に見た映像

02/02/25
「夢の中で目覚めながら見た夢」を見た日の前夜、寝るときにＵＦＯを斜め上から見て、天辺にある複雑な形のハッチが開く映像をまぶたの裏に見ていた。昨夜は、六角形の何かが見えたのだが、なにかビジョンを見る（受け取る）訓練を受けているような印象があった。多分、ヒューマノイドからだと思う。また、何かあったら書こうと思う。

02/02/26
昨日の夜は、ピカッと白い光をまぶたの裏に見せられた。そのとき、ハッとして、「ああ、ビジョンは普段の意識の裏にある意識で見るんだ」と分かった。光ったタイミングがすごく良くて、私の心の動きの中でそうと気がつく瞬間を狙って発光させたのも分かった。こちらの状態をすごくよく分かっているようであった。しばらく、裏の意識で見ようとしていたら、隣に寝ている上の子の心の奥にあるものが映像になって見えた。「ああ、そうなのか……」と思って……。一昨日の夜の様子からだと、ヒューマノイドは、私にたくさんレクチャーをさせたいようだったのだけど、私の方で少し抵抗があった（あんまりたくさんやると疲れる）ので、どうも一日ワンレッスンにしたような感じである。また、秋山眞人氏の『やさしい宇宙人』に載っていた内容によると、六角形というのはヒューマノイドによると、「自由」の象徴なのだそうだ。まあ、六角形がそのことと関係していなくても、とにかく精神的に少し彼らを受け入れる態勢ができたのでこうなったのだろうとは思う。

02/03/02

見たのは、28日の夜だった。山奥の大きなペンションのようなところの一室に、髪の長い10歳くらいの少女がベッドに座っているのが見えた。日本人で場所も日本のような感じ。すごく霧が深くて、山奥の森林の中のようだった。別に監禁されているとかいう感じでも無かったのだが、なんのことだったのか……？　霧がどこまでもどこまでも深く濃いような感じだったのが印象的だった。

02/03/09

見たのは、6日の夜だった。綺麗な水面が見えた。小波が立っていてとても綺麗だった。なんだか可笑しかったのは、右下が切り取られたように角張っていて、何かの画面を通して見ているかの

ようだったことだ。本当に、「映像」だった。(笑)

02/03/13

見たのは、9日の夜だった。画面というか、視界いっぱいに果物の「桃」が写っていた。いつもは、映像がどんどん切り替わったり、動いていくのだが、なぜかこの日見た「桃」はしばらくそのまま見えていた。私は「桃」を見ながら、「あれっ？　動かないな」と思っていた。

02/03/18

昨日の夜、水が緑色をした井戸が見えた。レンガ作りの井戸だった。これも、シフトに関係している映像なのだろうか？　インターネットで調べてもなんだかさっぱり分からなかったけれど……。

02/04/29

昨日の夜、目をつぶりながら「ああ、人って対等なんだ」と思ったら、まぶたの裏の空間に見える中心部に何かが見えて動き出したのだけど、形がはっきりとは分からなかった。でも、その後まぶたの裏の空間に波というか、波動の動きのようなものがしばらく見えていた。どういう意味なのかよく分からないけれど。

夏至の意味（1）

2002年6月20日の午前1時半過ぎに、早めに寝た真ん中の子が目を覚まして、私を起こした。「ジュースが飲みたいよう」と泣くので、起きてジュースを飲ませた。

私は、目を覚ましたとき、「ずーっと頭の中で何かを考えていたな」と思い、眠っていたような気がしなかった。寝床に入っても何か変で「おかしいな。どこか遠くへ行っていたような気がする……」と思っているうちに、見ていた夢を思い出した。

何人か（14、5人くらい）の人たちと一緒に、すごく大きな建物（ビル）の中から様々な物品を運び出す。新しい、やはりすごく大きな建物（ビル）へ引っ越すために、物品を移動させているのである。

私は誰かと組んで大きな長い机を運び出すのだが、それが木とかスチールでできたものではなく、石でできたものだったり、表面にジーンズが張ってあったりする変わったものだった。引越しの最後の最後の方で、この2つの机を運び出した。

この後、場面が変わって、私は木の小船の中にいる。船の右の方を見ると、水面の上に分度器のような形をした（つまり半円形、直径2～3m）、大きな時計が縦になって浮かんでいた。文字盤は白で、黒い目盛りと針がついていた。それを見つけると同時に、どこからか声が聞こえてきた。「みずがめ座の時代はすでに始まっている。みずがめ座の時代の中での、新しいサイクルが始まる」と言う。私はその声を聞きながら、「新月のことだろうか?」と思っていたのだが、声のニュアンスが「一年に一度の(サイクル)」という意味を含んでいたように感じられて、月に一度の新月のサイクルのことを考えていたにもかかわらず、「そんなに短いサイクル?」と思っていた。針は左から数度上がったところにあって、まだ水瓶座の時代が始まったばかりであることを示していた。

同じ船の中で、私の左右に髪の長い女性がいた。あの高い塔にいた女性たちのように、白い服に白い鉢巻きをしていた。私は、私の左にいる女性しか顔ははっきりと見ていなかったが、している鉢巻きの額の部分に星の形をしたものがついていた。その星は虹色をしていた。私は、なぜかそのマークを水瓶座の時代を象徴するものだと思っていた。そのマークのせいかは分からないけれど、女性の顔が物凄く美しかった。女性は長い茶色い髪をして、縦に軽く巻いていた。20歳くらいの感じだった。目の大きさといい、形といい、ほどよく大きく丸くて、優しく麗しく明るくて、ほどよく強さのある魅力的な目だった。

私は彼女の顔をしげしげと見つめながら、「この人は人魚じゃないだろうか」と思っていた。彼女は何かを尋ねるように私に向かって話しかけていたのだけれど、私は、彼女の顔が物凄く美しいので、そのことに気をとられて、話している内容に注意が向かなかった。

ふと、彼女の肩越しに向こうを見ると、10mくらい離れたところにも小船がある。そこには、高い塔にはいなかった、白い服と鉢巻きをした男性がいた。背の高い、痩せた静かな感じの男性だ。見たことのない人だ。髪は黒かった。少し微笑んでいた。男性は、櫂を使って船を動かしていた。男性の左右にも白い服に白い鉢巻きをした人が、1人ずつ座っていた。手前にいた人は後ろを向いていた。男性だったようだ。2つの船にいる6人は、皆日本人だったようだ。でも、私だけ現代人の服装をしていた。

時間帯は夜明けのような感じだった。木がうっそうと茂ってトンネルのようになっているところの奥に半円形の文字盤があり、そこから船で抜け出て行くような感じだった。水面は暗い感じ。左手の方には水面が続いていたけれど、私が乗っている小船のすぐ横にはまだ木が茂ってトンネルの一部になっていたので、遠くの水面までは見えなかった。男性が乗った小船は、すでに木で覆われたところからは抜け出ていた。

私は「月の衝撃（2）」で書いたように、みずがめ座の時代が始まったのではないかと思っていたのだが、やはり、そうであったのではないかと思った。1月29日が全ての始まりだったのではないかと思う。それで、年に一度の新しいサイクルというのはなんだろう？　と思ってカレンダーを見てみると、2002年の6月21日が夏至になっていて、このことではないかと思い、色々と調べてみた。

すると、北欧では「夏至祭り」というのがあることが分かった。クリスマスのように前夜祭もあるようだ。夢を見た日は前夜祭の日だったようだ。それで各ホームページを検索していたら、あるページの写真を見た瞬間、木々に囲まれて湖面が暗い感じが、私が夢で見たイメージとぴったりくるように感じた。また、夏至祭は田舎の水辺で行うことになっているようであった。

そういえば、夢で夜明けのような感じだったのは、北欧の白夜のようなものだったのかもしれない。さらにホームページを検索していると、スウェーデンのダーラナ地方にあるシリアン湖というところで行われる夏至祭に、村人たちが民族衣装を着て、手漕ぎのボートで集まってくるという記述があった。私は手漕ぎの部分を読んで小船を櫂で進ませていた男性を思い出した。白い服に白い鉢巻きも、民族衣装と言えなくもない。

さらに調べていると、有名な「人魚姫」という童話を書いたアンデルセンという作家が、北欧のデンマークの人であることに気がついた。北欧のスウェーデン・ノルウェー・デンマークでは、夏至祭はポピュラーなお祭りなわけであるが、その北欧の人であったのだ。私が、夢の中で私の左にいた女性を人魚のようだと思っていたことと関係するのかもしれない。また、私が夢の中で見た高い塔のあるところは、いつもいつも朝のような感じがしたのも日が沈まない北欧の地域を連想させる。また、「有翼人」で書いたように、北半球の北方に見られる、ペトログラフのことも北欧の地域を連想させる。

そして、「夏至」で検索していたら、今度はイギリスのストーンヘンジという巨石群の遺跡の記述で、ストーンヘンジの中心部から見て目印のように置かれている、ヒールストーンという石の位置から、毎年夏至の朝日が昇るということが分かった。これを読んで、私は夢の最初の方で長い石のテーブルを運んでいたことと関係があるのではないかと思い、それではもう1つのジーンズにも何か意味があるのかもしれないと、今度は「ジーンズ」について調べてみた。まず、広辞苑をひくと、ジーンズという生地のことと、ジーンズという人物について書かれてあった。ジーンズの由来などを調べると、リーバイスの創始者がサンフランシスコに移民したと分かり、北欧かイギリスの出身者なのかと思ったのだが、ドイツの人であった。それで、いくら調べてもジーンズの意味が分からず、夢で見たジーンズは何かの見間違いだったのだろうか……と思い始めたとき、ハタと広辞苑で読んだジーンズという人物のことを思い出した。どういう人だったのか、今度はよく読んでみると、天文学者であるということで、さらによく調べてみると太陽系の成因について潮汐説という説を唱えたことで有名な人であることが分かった。（火と水？）

しかし、石の机とジーンズの机を運んだのだから、ジーンズ氏はストーンヘンジにも関係しているのではないかと思い、さらによく調べてみると、ストーンヘンジは古代の天体観測所であったことを、ジーンズ氏と同じ天文学者であるホーキング博士が唱えており、測量とコンピュータによるデータ解析を行い、この有史前の遺跡が、当時は天文台であり天体観測コンピュータとして利用されていた、との結論に達したということが分かった。

このことから、ストーンヘンジは夏至の朝日の位置を当時の人間がはっきりと知っていたことを示す、また、それほど夏至が重要であることを示す天体観測所であったということを夢が知らせたのではないかと思った。また、さらに調べていくと、このジーンズ氏の誕生日が9月11日であることも分かった。例の、テロ攻撃のあった日である。誕生日ということから、何かの始まりを暗示しているのかもしれない。

私は、夏至という日が何か重要な意味を持っているようだと分かったとき、「また蟹座だ」と思っていた。アメリカが建国されたときのホロスコープでアメリカ自身を表す太陽は蟹座にある（この太陽とは度数は違うが、ブッシュ大統領の太陽も蟹座にある）。テロ攻撃のあった日は、その太陽（アメリカの太陽）の正反対の位置に運行の火星がきていた。サビアン占星術では教会の窓を破壊するという意味である。こういう宗教的・民族的・文明的なものが攻撃されたということだと思うのだが、そもそも、蟹座というのは家庭・母親などを象徴し、そういうルーツというか血縁を意味する星座である。正確な夏至の日時というのは、正確に太陽が蟹座入りした日時なので、蟹座と夏至は同じ意味を持つものと思われる。

また、自分でもとても驚いたのだが、実は私の初潮は6月22日で、まさか夏至の日だったのだろうかと調べてみたら、やはりちょうど夏至の日で、この日の午前3時10分に太陽が蟹座入りしていることが分かった。私はこの日の朝、目を覚ましたら布団が出血で汚れていたので、ほぼ日時的にもぴったりなのである。私は半月の日生まれで（この場合は、正確な半月の時間よりも8時間ほど早く生まれている）、半月板に水色のホツマ文字が現れたことから、太陽と月の位置関係が自分の生まれに関係していたようなのだが、太陽が頂点に達した日時頃に初潮があり、またそのような太陽の位置が自分の血、女性性と関係していたことになる。そういえば、日本語では血を潮と表現するのだった。

このことは、私の生まれ・ルーツということで、古代ホツマ国にも関係していることなのかもしれない。

結局、水瓶座の時代として今年の1月29日に下準備が始まり、3月17日に決定的に始まり、6月21日の夏至が、その水瓶座の時代に入ってからの初めての（1年の）サイクルの始まりだということのようである。

夏至の意味（2）

そして、日本にもストーンヘンジのような場所があることも分かった。伊勢にある夫婦岩《めおと》である。2つの岩から沖合い約700mのところにある、興玉《こしたま》神石の鳥居になっているそうだ。夏至の日の出は、この夫婦岩のちょうど真ん中から見えるようになっているそうで、やはり、夏至の日の出を重視した作りになっている。

興玉神石のご祭神は、猿田彦大神である。猿田彦大神は、ニニギノミコトが天孫降臨する際に天《あめ》の八衢《やちまた》にお迎えして途中の邪悪を祓いながら、道案内をしたとされている。その由来から、善導の神として開運招福、家内安全、交通安全の守護神として信仰され、魂を導き甦《よみがえ》らせる神威により甦りの神と称され、別名・興玉の神とも称えられているそうである。また古来より、土地を領する地主神と言われ、土地の邪悪を祓い清め災厄を除く福寿の神として信仰されているそうなのだ。ここで、またニニギノミコト及び天孫降臨説が出てきた。

私の受けている情報としては、ニニギノミコトが天下ったとされる高千穂地方にある霧島神宮のお田植祭りのあった今年の3月17日に神の力が地上に降りてきたということだったのだが、今回の夏至でも、ニニギノミコトの天孫降臨説が関わっている。ニニギノミコトは、天照大神の孫なので、太陽が最も力の有る日時（夏至）に、天照大神を祭っている伊勢にある夫婦岩の真ん中から日の出を見ることができる場所に、縁があるのだと思う。

この夫婦岩から見た夏至の日の出は、富士山の方角にあり、富士山が影になって少し欠けた日の出になるそうなのだが、実は、富士山にはニニギノミコトの妻であるコノハナサクヤヒメが祭られている。伊勢の夫婦岩の真ん中から見た夏至が富士山にかかっているということは、それこそ夫婦の縁を太陽の光でつなげているかのようだ。夫婦は子孫を作る前提のようなものだから、やはり、ルーツとか血脈などを表していると思われる。

ここで、猿田彦大神に話を戻したいと思う。今回の夏至のことで、色々な書物などで情報を集めたのだが、猿田彦大神のことも広辞苑で調べてみた。すると、ニニギノミコトが降臨する際に先頭に立って道案内をしたとあり、中世に至って、庚申《こうしん》の日にこの神を祭り、また道祖神と結びつけたのだとあった。道祖神というのは、道路の悪霊を防いで行人を守護する神である。庚申待ちというのは、猿田彦大神を祭って寝ないで徹夜する神道の習俗だそうだ。

また、3月17日のときのように、読売新聞からもらった、高島易断の「平成十四年福寿暦」も見てみた。そして、最初のページをなんとなく見ていたら、「庚申」の項に6月21日の日付があった。なんと、２００2年の夏至の日は、ちょうど庚申の日だったのだ！　今年の1月29日の満月には日本の政界に変動があった。鈴木宗男氏と田中真紀子氏が議員の役職を追われたわけだが、今回の夏至の直前には、鈴木氏の逮捕と田中氏の処分が決定し、シンクロニシティしているようだった。利権政治を行ってきた鈴木氏の逮捕と、利権政治を始めた角栄氏の娘の処分ということで、利権政治の終焉を意味するものだと思うのだが、ちょうど夏至の日の6月21日には、道路の運営・建設を利権政治から切り離すべく機能することを国民から期待されている道路関係4公団民営化推進委員会のメンバーの正式決定があったわけである。まるで、利権政治から道路の運営・建設を守護するメンバーのようではないか。

また、興玉神社ではカエルが猿田彦大神の使いになっているように、魂を導き甦らせる（無事カエル）神威を猿田彦大神が持っていることから、利権政治を行う前の古き良き日本の政治がこの構造改革をきっかけとして、甦るのではないかと思うのである。

まだまだ夏至の意味についての書き込みは続く予定だが、昨日の夜、優しい感じだったが、誰かにポカッ、ポカッと頭を何度も殴られていたので、細切れだけれども、少し内容をホームページに出しておくことにした。ウトウトしているときで、優しい感じで怖くもなかったのだが、きっとアメミヲヤノカミに叱られていたのだろうと思うので。

庚申の意味

2002年7月3日の朝に、パソコン画面の下に置いてある、以前一度読んだことのある本をふと手に取って読んでいたら、庚申について書かれてある箇所が出てきた。しかも、最初からではなく、目次をめくって面白そうだなと思ったページを開いたのであった。『干支の活学　人間学講話』（安岡正篤著、プレジデント社）の「庚申　昭和五十五年」のところである。安岡正篤氏はすでに故人となっているが、易学の世界では大変な大先生だったようだ。文章は簡単・平易ではあるが、含蓄がありながらスッキリしている。

また新しい年庚申《こうしん》（かのえ・さる）を迎えることになった。一朝ふと机上の「論語」を見て、「子、川上に在り。曰く逝く者は斯の如きか昼夜を舍かず」といった有名な語を思い出した。途端にどうしたことか、ビスマルクが晩年隠棲して、訪問客によく「人生は逝く水の如し」と語ったということに思い及んだ。

年が改まると、色々の会合でよく人々から新年の干支の意味を問われるので、今年も問われる先に解説しておく。

煩わしい文字学的解説は別として、最もよく知られておる文書の一である「白虎通」に、「庚は物更（あらたまる）なり」とあって、〈改める〉〈改まる〉の意であり、申は俗に猿とせられるが、猿に限らず、身に同じ、真っ直ぐに引きのばす、即ち体を成す形容である。前年の未が、本当は木の幹枝の茂りを表す意で、それを整成することを明らかにするものである。そこで庚が申と結合すれば、前年己未に続いて、これをさらに具体化し、結成することである。これはなかなか抵抗もあり難しい仕事で、庚の後は辛（かのと）であり、申の後に酉となる。酉をとり（鳥・鶏）とするのは俗解で、酉の象形文字を見れば明白であるが、徳利の形を表し、醸熟・成熟を意味する。そこで、辛酉は前年の庚申即ち更改進展の一段の成熟を表すものである。成熟には多くの困難や苦痛を伴うものであるから、辛は苦と連なり、辛苦・辛酸・辛痛・辛労・辛辣などの熟語を生じる。

昭和五十四年己未は紀と味との一連で、紀律を正し、味を去るべきものであったが、いかにも種々の紀律が乱れて問題となり、いかにこれを解明するかということに明け暮れた。新年にはどうしてもこの昏昧を去り、紀律を正し、いわゆる筋を通してゆかねばならぬ。これが庚申の黙示するところである。それを怠れば次の辛酉がたいへん厄介なことになる。辛の一字に深甚な含みがあることを識者は味識することも難しくあるまい。（「師と友」昭和55年1月）

ということであった。安岡氏も私と同様に、朝ふと机上の本（論語）を見たことが、色々なことを考えるきっかけになっていたようなのだが……。私は、「何か勉強になることは書かれていないだろうか」と少し気合を入れたときに本を取った。安岡氏はそこまで書いていないけれど、同じだったのだろうか……。

7という数字（1）

２００２年6月中旬までに、道路公団民営化推進委員会のメンバーを小泉首相が決定する、という報道が以前あった。そのとき、「7人」決定するということだったのだが、私は妙にこの人数が引っかかった。何故、7人なのか。あらかじめ、めぼしい人物を絞っていたのかもしれないけれど、7人という人数がやけに頭に残っていた。

そして6月18日、W杯で日本チームがトルコチームに負けた日、会社のテレビで観戦していた私は、帰りの電車の中で、「残念だったなあ。でも、ベスト16まで行けたなあ」と、少し寂しい気持ちと、でもなにか爽やかな気持ちを抱えながら雨上がりの空を見ていた。そうしたら、虹が上がっているのを見かけて、これも妙に引っかかる出来事となったのだが……。

6月20日には、「夏至の意味」で書いたような夢の中の虹色の星を見て、このとき、やっと虹について広辞苑で調べてみる気になった。そうしたら、虹の構造というのは、「大気中に浮遊している水滴に日光があたり光の分散を生じたもの」ということが分かった。つまり、水と光で出来ているものだったのだ。「助言に現れた霊体」でも書いたように、「水の世界でもあるけれども、光の世界でもある……アジアは」と霊体がしゃべっていたことを思い出した。虹＝アジアなのだろうか。ともかく虹も「7」色である。

それで、7という数字について色々と調べてみたら、水瓶座の守護星である天王星が、1つの星座に留まる期間が約7年だということが分かった。天王星は変革の星と言われていて、太陽系内では地球から見える星は土星までで、天王星からは不可視な惑星となっている。つまり地球から最も近い霊的なレベルの惑星なわけである。しかも「水瓶座の時代」の水瓶座の守護星なのだ。また、体内の細胞が入れ替わる周期が約7年だということも分かった。そして、例の甦りの神様である猿田彦大神は、鼻の長さが7咫《あた》で、身長が7尺余りだということで、やはり7がからんでいた。そして、道路公団民営化委員も7人選ばれていた。

それで、最初に7人という人数に何か感じるものがあったのだろうと思う。虹を見たのもシンクロニシティしたのだろう。

W杯の日本チームの国旗は太陽で、トルコチームの国旗は月と星なのも何か意味ありげに思える。いずれにせよ、7という数字は変革を象徴する数字のようだ。そもそも、道路公団の民営化も構造改革の中身の1つであったわけであるが。

新しい水の発見

2002年7月23日未明に見た夢の内容である。

夫と子供3人と一緒に車に乗って旅行に出かける。温泉街のような街の中の細い道で、踏み切りが開くのを待っている間、私は、非常に危険なことが起こりそうな予感がして、いてもたってもいられない。踏み切りが開くのに時間がかかっているせいか、運転席から外に出て車のボンネットに夫が体をもたれさせている。私は危険な予感がするので、膝の上に乗せている下の子を、外にいる夫にいったん預けるのだが、自分が抱っこしていないといられなくて、また夫から預かり抱っこする。

その途端、車が突然180度反対方向を向いて、駅の、こちら側に4本ある線路の方へ少しずつ動き出してしまう。そのままバックしたかのようだったけれど、見ると車は前を向いていた。私は急いで下の子を車の後ろにいる心配そうな顔をした夫に渡す。上の子と真ん中の子は後部座席にいたので私はなぜか安心していた。座席の背もたれが、向こうとこっちの境界線になっているのが分かっていたからだ。

私が車のギアを力を込めて引くと、なぜかブレーキになっていて車が止まる。このとき、同時に横一列に隙間無く7、8台車が並んでいて、剥き出しになった4本線路の方へ少しずつ動き出しているのに気がつく。車は全てドアも天井も窓ガラスも無くなっている。子供を夫に渡すとき、後ろにたくさんの人がいて、動き出している車を心配そうに見ていた。

ところが、他の車の運転手は皆眠っていて、動いている車を止めることが出来ない。そして、彼らを起こすことは、同時に動き出した車の中の一台に乗っていた私にしか出来ない。私はなぜか、鳥のように両手をバタつかせて、その手で彼らの体を叩いて目を覚まさせる。まず、右隣の車に乗っていた、進行方向に対して後ろ向きに座っているスポーツ刈りの頭をした男性を叩き起こす。そして次々と叩き起こしていくのだが、なぜか体が線路の方へ歩き出してしまい、いつ電車が来るか分からない線路の上に立って眠っている人が2、3人いるのだった。私は最後にその人たちのところへ行って無我夢中で叩き起こした。そして、1人も死ぬことなく、線路から逃れることが出来た。

その後、新しい水が発見された。ねずみ色をした薄い金属の箱がある。縦横高さが40㎝くらいの大きさである。つづらの構造のようなふたを私が取ると、澄んだ水の表面の大部分にひもが浮かんでいるかのように、白いゴミが撒かれてあった。このゴミは、私がふたを開けた瞬間に、私の左側からニコニコした女性の霊体が来て撒いたものだった。彼女はサッと来て、サッとゴミを撒き、サッと離れて行った。他の人には、この女性の霊体の姿は見えていなかったようだ。

そして、この発見された水を飲むことで、全世界が救われることになったという。皆、水の周りでニコニコとしている。この水の発見された場所の自治体がこの水を販売し始め、たくさんの人が買いに来る。大口の契約を取りに来た人もいたようだった。この水の名前は、「ツメタイウサマ」という。

私は、この水が販売されている、公民館のようなところを1人の女性と一緒に出る。公民館の中を一緒に歩いているとき、この女性が「心の中を覗くと黒いものが浮かび上がってくることが時々あるんです」と言う。私は「あります。あります。私もあります」と答える。

外に出ると、夕暮れ時になっている。見ると、空のかなり低いところを何かが飛んでいる。直径

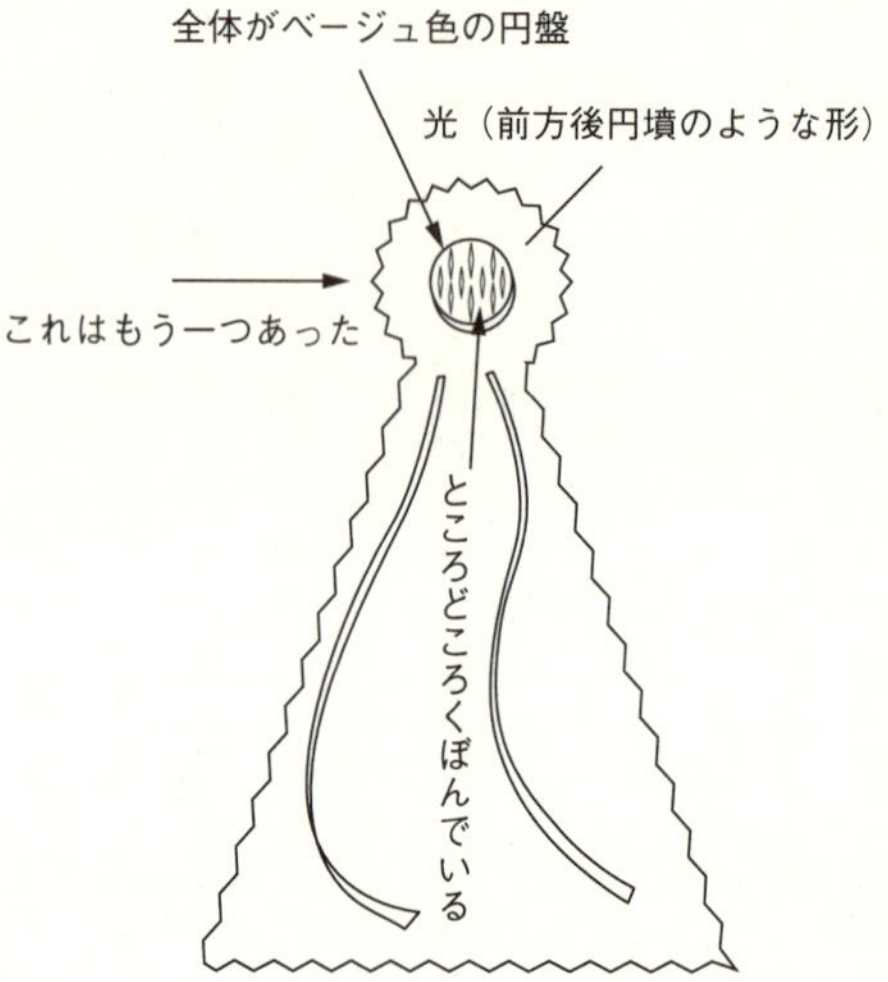

20㎝くらいで幅が1㎝くらいの丸いベージュ色をした円盤が2つ飛んでいる。材質は分からない。その円盤の後ろに、細いリボンのような2mくらいの長さのものが2本ついている。その円盤は、周囲5㎝くらい離れた位置まで光の材質になっていた。円盤とリボンはくっついていなくて、光でくっついていた。光の材質の部分は、透けているのだけれど黄色く光っていた。光全体の形は前方後円墳のようになっていて、円の中に円盤があり、台形の中にリボンがあるような形だった。リボンは片方の円盤は青で、もう片方の円盤は赤だったような気がする。はっきりと思い出せない。でも美しかった感じ。緩く左右に体をくねらせて飛んでいた。この2体は生き物であった。皆、よくある普通の光景といった感じで、驚きもしていない。近くに、街中なのに高く尖ったピラミッドのような山があって、2体の円盤はその山の方へ飛んで行き、山の向こうに右側から入って見えなくなった。

私は公民館の前で女性と別れて、右手にある交差点を渡る。ところがこの交差点は歩行者も車も信号が青で、歩行者は走ってくる車を避けながら横断歩道を渡らなければならなかった。でも、皆

「わー危ない」と言いながらニコニコしてスレスレに通っていく車の前で立ち止まったりしていた。渡ったところに、人1人分ほどしか通れないとても細い階段が高い壁沿いにあって、私はそこを上っていく。なぜか頭が通れるくらいの空間の周りに蜘蛛の巣があって、私はそこに頭を突っ込みつつ蜘蛛の巣を手で払いながら上っていく。私の後ろからついてくる女性がいて、私にさんざん悪態をついている。私は「そうですね」と言いながら上っていくのだが、あと2段で上りきるというところで頭にきてしまい、その女性の頬を思いっきりつねる。すると、もう1人後ろにいて、やはり私に悪態をついていた女性が、下の道に立っている自分の知り合いに声をかけてニコニコしながら、私がこれまでやってきた良いことを大声で誉める。

ここで突然目を覚ましたのだが、まず線路で人を叩き起こしていたときのことを思い出してボロボロと泣いた。電車がいつ来るか分からない状態の中で、急いで全員を叩き起こさなければならなかったのは、眠っている大きな体をした男性を全員抱えて連れていくには時間がかかり過ぎるので、なんとしても目を覚ましてもらって、自分で歩いてもらうより他になかったからだ。怖かった……。

新しい水については、最近ヒシヒシと感じていることで間違いないと思っている。それは、すべての存在が意義があって存在しているということ、様々なレベル・シチュエーションがあって、世界が（自分が）豊かになっているということ、そうしたあらゆる物事を、自分の物差しで批判するのではなく、逆に自分の中にある、様々な物事に対する枠を少しずつ取り払っていくこと、魂に反した思考の枠を取り払い、世界（周囲・状況）に対して魂に呼応した受け止め方をしていくことが重要であるということである。

嫌だなあと思うことはそれを昇華出来ないからなのだが、昇華という少し努力の入ったものではなくて、魂で感じること、あらゆる物事をそれなりに肯定し、あらゆる物事を魂で理解していくことというのが新しい水のことであると思われる。

新しい水の名前は「ツメタイウサマ」だった。何度か繰り返されて聞こえてきた。これは「冷たいウサマ（・ビンラディン）」ということだと思う。やはり彼はもう死んでいるだろうということと、世界中で悪者だと思われた人物だが、表面が白いゴミで汚れた水のように、表向きは悪いところが見えていても、それだけで終わらせずに、中の水の方にも目を向けると、澄んだ水があるということだと思う。

だからと言って、夢の中で細い階段を上っているときの私のように、ひどいことをされても受け入れるという偽善的なことをしていると、しまいに頭にきて爆発してしまうということも夢は示唆していると思う。相手に対して嫌なことは嫌、悪いことは悪いと認めることは、本当は相手を受け入れることとなのだろう。だから、頬をつねったらかえって喜んでいた人がいたのだと思う。嫌な人だと思っても、心の中には誰でも澄んだ水を持っているのだろう。だからこそ、人や物事を肯定し事情を魂（偽善の無い素直な真心）で理解することで世界や自分がより広がってゆき、豊かになっていくのではないかという気がする。表面の白いゴミも中の澄んだ水も両方飲むことで、救われる

（大げさですが）ということだと思う。

そもそも、水面に浮かんでいるゴミは白いもので、本当に悪いものではないと思うのだ。歩行者の信号も車の信号も青になっていたのも、双方に肯定的という意味だと思うのだ。夢を見る前に眠るときに、ヒシヒシと感じていたことを考えながら目をつぶっていたら、すごくたくさんの波動がまぶたの裏に飛び交っているのが見えてびっくりした。様々な模様をしていて、あらゆる動きをしていた。その後もたびたび見えている。そして、以前は胸がスースーしたことがあったのだが、このときは、お腹がスースーしていた。ちょうど胃の辺りなのだが、魂で物事を消化すると胃がスースーと気持ちよくなるのでしょうかね。空を飛んでいた円盤は、日本にある凧に似ていた。左右に緩くウネウネと動きながら飛んでいく姿は、以前実際に見たことのある龍の雲のようだった。

7という数字（2）

2002年7月28日の朝、「そうだ。安岡正篤氏は7について何か書いていなかっただろうか」と思い、『易と人生哲学』（安岡正篤著、致知出版社）を見てみた。そうしたら、やはり7について書いてあるところがあった。7について書いてあるところを、前後も引用して以下に載せてみよう。

さて易を学びますと、人間が変わってくる。あるいは変えることができる。別の言葉でいいますとおさめる（修・治）ことができるのであります。そこで、その教え、道というものに従って人間はどのように変化していくかという問題を、一から九に分けまして、描写解説をしたものがありまして、これを「性命の造詣」と申します。この人はどういう造詣をもっておるかなど、非常に精細と申しますか、詳しく、たいへんいいところをつかまえておりますが、ある意味においては辛辣であります。

学問、修業の初めは、まだ垢抜けない、これを野人の野という字で表わす。それがしばらくするとこなれてくる。これを従という。一年にして野、二年にして従。そうなりますと次第にゆき詰まらなくなる。進歩する。これを通という。三年にして通。そして四年にして物、つまり日本語でいうと物になる。

学問的にいうと物は、法という文字に通ずるのでありまして、野、従、通と順を経て進みますと初めてきちんと形ができる。つまり法則が立ってひと通り人間ができる。そうすると五年にして来。これは新たなインスピレーション・霊感が出てくるということであります。

そうすると、それまでに見られなかった神秘な作用がでるようになる。これを鬼入といいます。鬼は悪い意味ではなく、神秘的という意味です。つまり六年にして鬼入、そうすると七年にして天性、つまり人間のくさみ、癖というようなものが抜けて、自然の姿が出てくる。

そこで八年にして、死を知らず、生を知らず、つまり死、生を超脱する。そうなると最後に、九年にして大妙なり。妙は真に通ずということであります。

7……7年目の人間の道の姿を読んで、人間の自我を超えた状態を表しているように思った。そうすると、「新しい水の発見」の中に書いた「新しい水」にも通じてくるように思える。一週間の7日とか7音階とかは、そういう形・性質を7つの段階に分けて、7つで一定の全体像を網羅してあるわけだが、もうそうした自我のありようを探ったり、自我を元にして進んだりする段階ではなくて、魂（自然・天性）を元にして進む段階に入ったということではないかと思う。と同時に、7という数字の意味について、『中国神秘数字』（葉舒憲・田大憲著、鈴木博訳、青土社）を読むと、「三」は神性、「四」は人性を意味しており、「七」は神と人とのあいだの結合を意味する、とあった。また、虹の意味について前掲『神秘のサビアン占星術』（松村潔著）を読むと、獅子座26度……「激しい嵐の後の虹」の項に、「虹は神と人の契約の印だといわれていて、霊的な根源的な目的と、個人の生活が、虹というリンクでつながれていることを暗示している」とあり、ここでも、自我というか人間の生活だけの世界観ではなく、神性・霊性を伴っているレベルのアップした自我、高い位置から見下ろされたときに、高い視点から役割を持った自我（恐らく、霊性を地上に顕現する道具）が意味として表されているように思う。これは、「水瓶座の時代」の水瓶座の守護星である天王星が地球からは不可視な霊的な意味合いを持つ星であることも関係しているのかもしれない。

それで、この獅子座26度の項を読んでいて驚いたのだが、エリス・フィラーが星座の度数360度を霊視したイメージを記録したシンボル体系をさらに整理し、研究をしてサビアン占星術を築き上げたディーン・ルディアというフランス人が、獅子座26度について解説のキイ・ノートを残しているのである。いわく「神聖な性質を伴う契約、不死の約束」だと。

私は日記の方で「十字架は契約・約束という意味なんだ」と夢の中で気がついている、と書いた。それはこのことだったのかもしれない。「十字架は（神聖な性質を伴う）契約・（不死の）約束」という意味になるのだろうか。

そういえば、イエス・キリストは十字架に磔にされる前に復活することを約束して、磔の後にその約束を果たしたとされている。即ち不死の約束である。このことは神聖な性質を伴う契約でもあったのだろうか。その契約というのは、あらかじめ甦ることを神と契約して磔になったということなのだろうか。

結局、霊性は死なない、永遠であるということなのかもしれない。

物凄く美しい女性

「夏至の意味」のページに書いた、夢の中の美しい女性だが、以前、私が「夢に現れたミドリマナミ」のページに書いた、夢の中で会ったミドリマナミに似ていた。以前、見た夢の中のミドリマナミは、茶色い髪をしていて両サイドを後ろに流していた。長さはセミロング。鼻が高くしっかりしていて、目が大きくて美人。年齢は30～40歳くらいだった。

最近見た夢の中の物凄く美しい女性は、やはり茶色い髪をしていて縦に巻き毛をしていた。年齢は20歳くらい。私は、彼女はミドリマナミの若い頃の姿ではないかという気がしている。

地球を司る神様の若い頃の姿。そういう古代の地球に還って行くということなのだろうか。

石の机（ドルメン）

夏至のことを調べているときに、ドルメンという石の机の形をした遺跡があることを知った。「夏至の意味」で書いた夢に出てきた石の机は、そもそもイギリスにあるストーンヘンジを意味するようなのだが、このドルメンという、世界のあちこちにある同形の遺跡をも端的に意味しているのなら、このページにも記述があるように、大昔に世界中が他の地域との交流があったということを示しているのかもしれない。ストーンヘンジ自体も、大きな石の机のような形をしている。

この遺跡は、日本では九州の方にあるそうなのだが、前掲『祭祀遺跡の黙示録　古代岩石芸術とは何か』（吉田信啓著）には、古代秀真国は九州にあったとされている。ホツマツタエに出てくるニニギノミコトが高千穂から神上がったこととと関係があるのかもしれない。

古代秀真国共々、世界中に行き渡っていた文明・文化というものがあったのかもしれない。

自己肯定

昨日、会社から帰る途中の電車の中で、随分久しぶりにヒューマノイドに会った。

私はすぐに気がついて、向こうもこちらの想念に対してハッキリとうなずいていた。「今回は何の目的があって来たのかなあ」と思っていたら、彼（70歳くらいの男性）から、暖かくて優しい波動が伝わってきた。彼はその波動をずーっと出していたのだが、私はこのとき、「中央線で会った宇宙人」で書いたときのヒューマノイドを思い出して、相手の波動に同調することにした。そうしたら、体の具合の悪さがどんどん薄れていった。「ああ、治しに来てくれたのかな」と思ったのだが、もう少しのところで、すっかりとは良くならない。そのとき、私は急に、具合が悪くなる理由が分かったのだ。最近、あまりに気温が高いのでそのせいで体の具合が悪いと思っていたのだが、私は、自分の気持ちに否定的だったので、そのことが自分のエネルギーを淀ませていたというか、自分の体がスッキリしない、なにか具合の悪さを引き起こしていたのであった。「そのことを伝えに来た……!?」とハッとして彼を見ると、彼は私の目をハッキリと見てうなずいた。私は、自分の感情に対して暖かく優しい気持ちを持つことに欠けていたのだ。

宇宙人の世界には病気は無いと聞くけれど、自分に肯定的に生きているからなのだろうか。でも、今まで何度もこういうことがあったのに、何故昨日来たのかな? と思った。恐らく最近「新しい水の発見」に書いたように、「あらゆる物事をそれなりに肯定し魂で理解すること」ということに気がついたからではないかと思う。そうすると、魂は暖かくて優しい波動だということになる。

あと、関係ありそうなのが、会社の上司がとても健康な人で、昨日そのことを色々と考えていたことだ。それと、一昨日ヒューマノイド宇宙人に関して或る人にメールを出したこと。（最近は、ヒューマノイド宇宙人に全く会わなくなっています、という内容など）等が考えられる。

あと、いつもつくづく思うのだが、求めていないのに彼らが会いに来る場合、真理を追究しようという気持ちが無いと、彼らはさっさと離れて行ってしまうということだ。とても親切で非常事態のときは助けに来てくれるけど、やはり自我の拡大ではなく、真理の追究が彼らの生きる目的になっているように思う。

「7という数字（2）」に、霊性が永遠であることを書いたけれど、そういう、永遠である霊性を元にした生き方なのかもしれない。

色々なことが繋がっているようだけど、それに気づかせるのにドンピシャリのタイミングで来てくれるのは、やはりさすがだなと思う。

「新しい水」の意味

今日、読みかけのまま置いておいてだいぶ経っているカルロス・ゴーン氏の書いた『ルネッサンス再生への挑戦』（ダイヤモンド社）を開いてまた読み始めた。

22章のグローバル・アライアンスのところからである。すると、読み始めて4ページ目のところに、私が新しい水の意味で言いたかったことが全くそのまま載っていたので引用したいと思う。

ルノーで私と一緒に日産に出向く人を選んだとき、私は彼らに、日産と日産の人々に敬意を持ってほしい、そして日本人はなぜ違うやり方をするのかを時間をかけて考えてほしい、と伝えた。もちろん、これには忍耐が必要だが、相違点を認識し、分析し、理解してそこから学ぶ

サヲシカ八咫《やた》の冠《かむり》の原理図

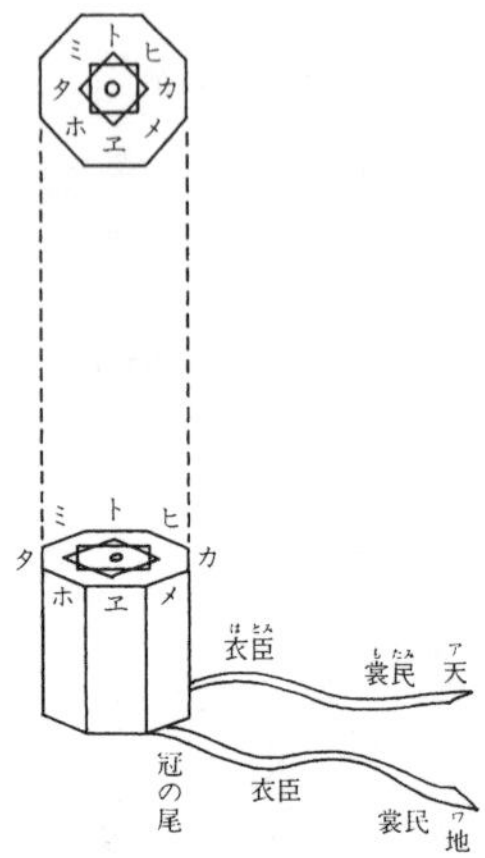

『言霊ホツマ（新版）』（たま出版）より

ことができれば、文化的に豊かになることができる。文化的に豊かになれば、革新的なマネジメントや改善が誕生し、誰もが恩恵に浴することができる。

私は、新しい水の意味について、どうも上手く表現できていないような気がしていたのだが、このカルロス・ゴーン氏の言葉を借りて、言いたかったことがもう少し深く表現できたように思う。彼は、ブラジルで生まれ、６歳でレバノンに移住し、フランスでエンジニアになるべく勉強をしてアメリカで働いたこともある、異文化体験の豊富な人物なので、宇宙と地球との異文化の摺り合わせにも役立つようなエッセンスを体験的に持っているのではないかと思う。

八咫の冠

２００２年７月31日の夜に、ホツマツタヱの本が私に何か言いたいことがあるように感じられて、手に取って開いてパラパラとめくっていたら、「新しい水の発見」に書いた夢の中で見た凧のような形をした円盤に似たものが見つかった。それは、八咫《やた》の冠《かむり》というもので、その原理図は、八角形の冠の後ろに冠の尾が２本ついているもので、片方は天で、片方は地と表示されているものだ。つまり、天＝赤と、地＝青なわけである。私は、夢の中で片方の円盤の尾が赤で、もう1つの円盤の尾が青のような気がしていたのだが、はっきりとは思い出せず、もしかしたらそれぞれの円盤の尾の片方が赤で、もう片方が青だったのかもしれない。なんとなく、そんな気もしていたのだが……。

そして、この八咫の冠とは何なのかと言うと、天照大神が作った天皇家代々に伝わる冠で、トホカミエヒタメ八神の耳に、その冠が依代《よりしろ》のようになって、政事を伝えるものなのだそうだ。

トホカミエヒタメ八神というのは、いわゆるフトマニ図で、アウワ（アメミヲヤノカミ）を中心として、その周りに1つ1つの文字が1つ1つの神として配置されている中の、アウワのすぐ外側の八文字・八神のことなのだ。この八文字は中心を向いて配置されているのだが、さらに外側に配置されている文字は、全て外側を向いている。

夢で見た、ベージュ色の円盤は、アウワ（アメミヲヤノカミ）のことで、外側5cmほどまで円盤を包んでいた光は、トホカミエヒタメ八神のことではないかと思う。しかし、なぜベージュなのか……。肌色のようでもあったのだが、アジア人の肌の色のことなのだろうか。だとしたら、以下に書くことと繋がってくることがある。

そして、この八咫の咫はホツマ文字だとという字になり、これは、日月星の3光が円の中に入って助けることを意味するそうだ。助く、足るの「タ」なのだそうで、従って、「ヤタ」とは、8つによって助ける、という意味に理解でき、天照大神の冠が、「8」の神力と深い関係を持っていることが分かるそうだ。日月星の3光とあるが、W杯の日本とトルコチームの国旗のマークが日月星だったことは、ここで出てきたのかと思った。何か引っかかっていたのだが。

それと、最近、買っておいたNHK人間講座の「イスラーム世界を読む」２００２年4～5月期を読んでいたら、イスラーム諸国会議機構（ＯＩＣ）にトルコが加盟していて、地域の分類が「アジア」になっていて、トルコがアジアだったことを思い出した。アジアだったということは、日月星を国旗にしている国がアジアだったということで、この国同士が対戦し、世界中に注目される出来事が夏至の頃に起こったということになる。円盤がアウワ（アメミヲヤノカミ）だとすると、アメミヲヤノカミは肌色をしていることになるが……。

また、この日月星は、ホツマ文字のⓎの字のY字の左上が「月（女）ワ」を意味し、右上が「日（男）ア」を意味し、下が「星（子）ヤ」を意味するそうなのだ。これは、男女から生まれる子は星に配すことができ、「伊勢の道」と子孫繁栄の思想は、日月星をもとにするⓎの原理（Ⓨは、日、月、星の霊気がものの中に入った形象）、あるいは「アワヤ」の原理によって成り立っているといえるそうだ。私の初潮が夏至の頃だったことは、以前書いたけれど、子孫繁栄の意味と繋がってきそうだ。

あと、夢で見た2つの円盤は、夫婦だったような気がしていたことと、最初に車の中で眠っていたスポーツ刈りの男性がヤクザだったことを思い出した。

2つの円盤は、ピラミッドのように尖った山の右から裏へ入って行った。これは、「土の中から出て来る私」にも書いたように、地上の腹である山に行ったということではないかと思う。外側から左回りというのは、私の考えでは女性原理を表していて、その地上の腹である、地上の高天原（腹）

に、何かが宿ったということではないかと思う。

この思想は、結局、山に死者を葬って天界の高天原（腹）に神となって生まれ出るということなのだが、恐らく、地球人が神となる時代（死ぬことのない霊性の時代）になってきたということではないかと思う。新しい水が発見されたことは、神の意志のように存在を肯定する意識への変換を意味するのだろう。それと、ホツマの思想では、高天原＝天界の子宮は、三位（ミクラ）と呼ばれているのだが、奇しくも、W杯で日本と戦ったトルコチームは大会3位の成績であった。これも関係しているのだろうと思う。

光の時代

２００２年8月19日の朝、見た夢である。


今まで私がホームページに書いてきたことで、夢と同じ内容の現実が起こったことが7回あった。

しかし、夢で見ているのに、まだ起こっていないことが1回ある。

それは、「光の〜の〜」


はっきりと読めなかったのだが、ニュアンス的に「光の時代」という内容であったと思う。「光の時代にまだなっていないということか」と思って、このことを書き込もうとしたら、前日の夜、翌日にＵＰしようと思って書き込んであったページを開き、「あれっ？」と思った。それが以下のものである。

霊性の時代

18日の夜、ふとインスピレーションが湧いたのだけど、霊的になればなるほど永遠性に近くなり、寿命が長くなったり、果ては生まれ変わることもなくなってくるのではないかと思った。

「霊性の時代」という題名でページを作ってあったのだが、この、私の書き込みのことを夢で見たのだとすれば、霊性というのは光のことを指すことになる。そして、夢というのは、インスピレーションのことになる。そして、前日私が受けたインスピレーションは、確かにまだ現実には起こっていない。多分、私が前夜作ったページに肉付けするために、見せられた夢だったのではないかと思う。

それと、もう1つ大事なことは、「7回夢と同じことが現実に起こった」ということで、八咫の冠のことを前日書き込んだが、もう現在は「8」の段階に来ているものと思われるのだ。

「7」は変革、神と人間をつなぐ、というような意味合いがあったようだが、それは、もう過去のこととなっていて、現在は、そこを越えてかなり神性さに近づいてきている段階に入ったものと思われる。現実化されてきているというか……。個人的には、どんなに表面的に抵抗しても神の意志通りに（自分の心の底の理想通りに）物事が進んでしまっているような感触を、今年の1月末の満月から感じている。自分の心の底から大事にしている理想は、なぜか神の意志と同じものだと感じる。理想の追究というのは、水瓶座の時代にぴったりな気もするけれど。

ヒューマノイドには、見栄も嘘も誤魔化しも全く通用しないけど、そういう本質だけを大事にしていくような時代になってくるのかもしれない。

八《や》咫烏《たからす》

八咫の冠をホームページにUPした頃、家族で大きな中華料理店へ行った。待合室の壁に大きな絵が飾ってあった。その絵には、天女の絵と三本足のカラスが描いてあった。私は夫に「金井南龍という易者で霊能者だった人が、子供の頃に三本足のカラスに高天原へよく連れて行ってもらっていたんだって」と話しかけた。すると、夫が「えっ、八咫烏?」と言うので、私はその時初めて、三本足のカラスのことを八咫烏というのだと知った。

金井南龍の書き残したものを掲載していたホームページが以前あって読んだことがあるのだが、3歳、4歳頃に、よく三本足のカラスに高天原へ連れて行ってもらっていたそうだ。

実は、ホツマツタエの原文には、八咫烏の記述があって、例の『言霊-ホツマ』で著者の鳥居礼氏の解釈によると、烏は醜女やハタレなどの不浄な魂魄《こんぱく》を枯らす力をもつ鳥として書かれていて、「カラス」とは「枯らす」の意味だったことが分かるそうだ。なんでも、鳥居礼氏によると、『神道思想名著集成』の中の『神風記《かみかぜのき》』の中の「しかばねをおさむる次第の事」に、於保土古《おほとこ》に8つの八咫烏を配すとあるそうなのだ。「於保土古」というのは、俗にいう櫃《ひつぎ》のことで、死者をおさめる棺の外箱のことをいうそうだ。このことから、死者の霊に近づこうとする不浄なものを枯らすために配されていたことが分かるそうだ。

金井南龍を高天原に連れて行った八咫烏も、彼を不浄な霊から守っていたのだろう。

受け取ったこと

昨日、ホームページの日記にヒューマノイドのことを書いた。

そういえば、ヒューマノイドはとても感情的だ。世間の期待を（多分）裏切って、全然聖人君子っぽくないのだ。

相手に失礼だなんだというよりも、すごく、自分の中のいいものに正直だと思う。

これを書いた後、ヒューマノイドのことを色々と考えていた。もっと、彼らから色々な情報をもらえないかなあと、子供と一緒にアニメのビデオを見ながらぼんやりと考えていた。そうしたら、とても繊細で精妙な感覚と優しい気持ちの波動が胸に来て、しばらくそのままだったので、「これは、何だろう？　ヒューマノイドだろうか？」と思い、１つ尋ねてみることにした。「世界中の紛争を無くすには、どうしたらいいのでしょうか？」。そうしたら、或る一定の意思の波動が返って来たので、注意深く読み取ってみると、「自分の欲求ばかりではなく、相手の欲求にも目を向けること。その際に、相手の言うことの中にも一理あるものを見つけ出すこと」という内容のものだった。さらに何か来るかな？　と思って待っていたら、「絶対に良くなる。必ず良くなる」という、強烈な思いを感じた。

地球人は、どこかで意見の相違がある相手だと、相手の中に一理あるものがあっても肯定できなくなるところがあるということかもしれない。敵だと思っていても、一理あるものを見つけ出すことで、相手を尊重し、共感を持つことができるようにも思うし、また、自分の視点を豊かにすることにもなる、ひいては、そうして進化していくという感触があった。

素直さについて

先日、皇后美智子様がスイスを訪問されたときに、竹内てるよさんの詩を朗読されていた。竹内てるよさんは、詩人でもあるが霊能者でもあり、たま出版から本を出されている。なんでも、インカ帝国の女神様に遣わされて、現界で霊的な仕事をすることになっていたそうだ。様々な病気に関わる、本人の祖先の因縁が映像になって見える方で、たくさんの人を救われたようだ。

若い頃、竹内てるよさんの講演会に行ったことがあるのだが、当時70代後半くらいの年齢だったと思うけれど、非常に明るく無邪気な方だったのが印象的だった。思いやりのある方で、講演会の最後に手を挙げて立った女性が「子供の黄疸が治らなくて……」と少し泣きながら質問をしたら、竹内てるよさんが少し返事をした後に、「後で見てあげるからおいでなさい」と言っていた。竹内てるよさんのことを思い返すとき、いつもあの明るく無邪気な性格を思い出す。あと、霊能力の違い。私は個人の持つ因縁までは分からない。その違いはなんだろうと思っていたときに、「ああ、素直さだ」と気がついたのだ。何かあったときに、何か聞いたときに、即座に感じ取るものに自分は蓋をしているなと思ったのだ……。

寝ながら目をつぶって以上のことを考えていたら、「やっと気がついたか」と声がしてまぶたの裏に、急に黒い雨雲が視界の上の方に一面に広がったかと思うと、真ん中に大きく穴が開いて、光が真上から真下に柱のようにドーッという感じで落ちてきたのが見えた。しばらくそれが続いて、驚きながら見ていたら、今度は左上の方から孤を描いて何かが私の中にやはり凄い勢いでドーッと流れ込んで入ってきたのだが、これは、細長いもので、「龍なんじゃないかな」と見ながら思っていた。なかなか止まらなかったのだけれど。

その後、何度も何度も列車が見える。すばやく横切るような感じで音が聞こえそうだった。あと、白いボートが転覆してその船底が波間に浮いているものも何度も見えた。自分では、誰かが（テロ組織かも）北朝鮮に入国するのに使った乗り物のように思ったのだが。あと、北朝鮮の未来が見えたのだが、これはストップがかかっているのでまだ書けない。

それから、保育園のT先生とちょっと誤解が生じて困ったなと思っていたことをチラッと思い出したら、即座に「先生は悲しかったのだ」と聞こえてきた。この、何かを問いかけたときに最初にすぐに返って来る素直な心というか、そういうものに直結した神のエネルギーと関わったのだと思うのだ。

あと、個人的に気にしていることがあって、その後眠っているときに夢の中で保育園のS先生に、そのことを相談しているのだ。先生ははっきりと返事をしてくれて、夢の中で私はS先生のことを超能力者だと思っていた。

こういうことがあって、翌日保育園に行ったら、いつも奥の方の保育室にいるS先生がちょうど、門の一番近くの保育室へ来るところで、バッタリ会ってしまい、私はハッとして夢のことを思い出してしまった。それで、子供を子供のクラスの保育室へ連れて行ったら、M先生が背を向けながら子供を廊下に寝かせて何かをやっているので、どうしたのかと思い、思わず覗き込んでしまったら、実はM先生と背格好の似ているT先生だった。それまでちょっと気まずかったのだけど、私がM先生と勘違いしてなんのためらいもなく覗き込んだので、向こうもすぐに打ち解けてくれた。普段、とてもいい先生で、この先生と気まずいのは辛かったのだが、なんだかあっという間に解決してしまって、S先生とバッタリ会ったことといい、前日の夜のことが関係しているように思った。

やはり、最初にすぐに返ってくる素直な心というのがテーマだったので、翌朝、すぐに以上のようなことがあったのかもしれない。

シフトの現象化

他にも聞いているのだが、宇宙人側としては、拉致被害者等を助けたがっているようだ。私が必死になって日記に書き込んでいるから、そういう情報をもたらしてくれているのかどうなのか。

私の読みでは、金正日ほど思考に枠の無い人間は、宇宙人系統の人間だと思うのだ。それで、ゴリゴリに支配するというのは、今回のシフトに乗れなかった宇宙人系統の性質なのだろう。つまり、霊的なシフトが完了したので、現象面でもシフトが起こっているのではないかと思うのだ。支配する宇宙人と関わっていた時代は、支配される代わりに、言うことを聞いていれば、超能力ももらえるし、進む道も教えてくれるし、楽ではあったと思う。支配する宇宙人も霊的にレベルが低くても、支配される対象を見つけることで生き残ることができたと思う。

でも、水瓶座の時代となり、宇宙人とも対等に付き合う時代になった。対等に付き合うには、自分を宇宙人に丸投げしないで、自分の心と向き合って、自分で自分をコントロールしながら、宇宙人と付き合わなければならない。好き嫌いとか、正しいとか間違っているとか、試行錯誤しながら、宇宙人と擦り合わせることで本当の自分を知って、我々も真の宇宙人になっていかないと、もう先が無い。はっきり言って、宇宙人と言い合いになっても、全く歯が立たない。こっちの、あらゆる言動に関する動機や過去の思い、決意、他にもそういうあらゆる心理的なものは、彼らには全てお見通しで、そういうことを全部知っていて指摘してくるから、全く歯が立たないのだ。自分の心と向き合って、自分の中で落とし前をつけていかないと、とても対等にはなれない。

でも、宇宙人は、光だけの存在ではなくて、光もふんだんに持っているけど、闇もふんだんに持っているように思う。ただ、光にも闇にもコントロールされていないというか、内容をすごく深くよく分かっているというか、見抜いていると思う。そういう大きな全体性の中で生きている。厳しいけど、命を失う寸前には来てくれる。支配・権力を失うというのは、逆に守ってくれることも無くなるということだ。けれど、また逆を言うと、自分に厳しく自由度の高い人間が増えれば増えるほど、支配・権力も失われていくということなのかもしれない。

だから、分かっている人はとっくに分かっていると思うけど、たかが神や宇宙人や超能力と関わっているくらいで、カリスマになろうとしたり、崇拝されて喜んでいるようでは、全然ダメだと思う。むしろ、そういうことに関心を持つと逆行してしまう。

神や宇宙人や超能力が、新たに権力構造を作り出してしまっては、ダメだと思うのだ。

シフト後の地球（1）

2002年11月22日未明に夢を見た。

部屋の中の一室。5、6人の人がいる中で、1人だけ知っている人がいる。Nifty ServeのUFO会議室でよく話をした、Bさんだ（実際に会ったことはないけど、なぜかBさんだと分かる）。

Bさんが言う。「もう、今までの地球上の神様はもぬけのカラだ」。そこで、私が聞く。「じゃあ、新しく入る神様はなんなの?」。でも、Bさんは、私がNifty ServeのUFO会議室に書き込みをせず、全然ご無沙汰しているので、失礼だと思っているみたいで、怒っていて教えてくれなかった。

私は、夢の中で彼に対して触覚を働かせてみるのだが、龍の姿が見えたのと、あと複雑な内容の概念を感じ取っただけで、どういうことなのかよく分からなかった。「いいよ。私1人で探ってみるから」と、私もそっぽを向くと、テーブルの上に紙が置いてあり、何か書いてあった。そこには「剣」とある。「つるぎけん」と読むのだと、なぜか分かる。人の名前のようなのだが、それ以上は分からない。

この後、私はバスに乗って、剣を探しに行くのだが、身支度が整わないまま出かけていて、赤いTシャツだけを着て、下は、下着は着けていたけどスカートもズボンも着けていなかった。そして、バスの中で右の頬だけ水溶性のファウンデーションを塗っていた。その後、何故か自宅にある大きな鏡の前に立っていた。このときは、きちんと服を着ていてコートも着ていた。そして、鏡に映る右の頬にだけ塗ってあるファウンデーションを見て、ニヤッと笑っていた。でも、下地だけは顔全体に塗ってあった。何か毛羽立ったようなザラザラした下地だった。

朝、起きたときは、この夢を見たことを忘れていたのだが、高円宮様がご逝去されたニュースを見ていたら、「剣葬の儀」という言葉が出てきたのを見て、思い出すことができた。

それで、この「剣」とは何なのかと思い、取りあえず、ホツマツタエの本を開いてみたら、「剣《つるぎ》の語源」という項目があった。ホツマツタエの原文二十三紋二頁に、「剣の元は天の矛」とあり、剣の前身は矛であることが分かるそうだ。さらに十頁を読むと、機織りをもって政治の原理とするホツマの道において、邪なみだれ糸を切りホコろばす（滅ぼす）のが矛であり、「逆矛」とは、天の教えに逆らう者をホコろばすの意味になるそうだ。以前、他のページでも書いたけれど。

そして、三十八頁には、「ツルギ」の語源がある。その文を解釈すると、「ツルギ」の「ツ」とは、天寿が尽きるの「ツ」。「ル」は、燃えるものの源を表す言葉。「ルは日の霊魂」ともあり、霊的なものであることが理解できるそうだ。「ギ」は、「キ」が活きている木を指すのにたいし、枯れた木を表す語。従って、「ツルギ」とは、寿命が尽き、燃え盛る枯れ木ということになるそうで、「ツルギ」は、「枯れ」という概念と密接な関係を持っていることが分かるそうだ。

また、ホツマツタエの中にある、アマテラスオオミカミの詔《みことのり》には、罪人を「枯れ」、罪の無い人を「活き」と言うことが書かれてあるそうだ。剣は「枯れ」、即ち罪人を斬る器であるということなので、夢で見た「剣　剣」という名前は、罪を滅ぼす霊体が、新しい地球に入った神様なのではないかと思うのだ。

アマテラスオオミカミがニニキネノミコトに授けた三種の神宝とは、そもそも何なのだろうか。これは、君位継承の象徴なのだという。日本書紀では、三種の神宝が全てアマテラスオオミカミ１人の手からニニキネノミコト１人に授けられたことになっているのだが、ホツマツタエでは、アマテラスオオミカミが授けたのは、「御機《みはた》の留《と》めの御文《おんふみ》」だけなのである。これは、代々継承されてきた「トの教え文」というもので、アメミヲヤノカミの心に適った生き方を示すものだという。教えは、「天成りの道」と「人成りの道」からできていて、「天成りの道」は、社会の秩序と平和を築くこと、「人成りの道」は、国民の人間性を培うことであり、それがヤマト国（日本）だというのだ。

そして、三種の神宝のうち、他の2つの宝はどうしたのだろうか。ホツマツタエでは、「八咫の鏡」は、瀬織津姫《せおりつひめ》の手から鏡臣（左羽）の春日神（天児屋根命）に、「八重垣の剣」は、速開津姫《はやあきつひめ》の手から剣臣（右羽）の大物主に授けられたことになっている。私は、夢の中で、右の頬にだけファウンデーションを塗って、その顔を鏡に映していたのだが、剣の情報を受け取った私の右頬にファウンデーションを塗ったということは、剣臣であり右羽とされる大物主と意味合いが合っている。そして、その顔を鏡に映すと、鏡の中の私は、ファウンデーションが塗ってあるのは左頬になるわけだが、そうすると、鏡臣であり左羽とされる春日神と意味合いが合致してくる。ここにいう大物主は素佐之男《そさのお》尊の孫・大国主命のことである。（『実在した人間天照大神』花方隆一郎著より）

結局、姫というか女性が、鏡や剣を授ける役目をしたのは何故なのか。それは、「君」の実義が「木・実」にあり、木尊（男神）のみならず実尊（女神）も協力して治世にあたる趣旨からだろうと言われている。アマテラスオオミカミは、君を鳥の「首（頭）」にたとえている。君が「教え文」だけでよい理由はこの「首（頭）」にあるそうで、要するに、統治の基本理念を継承することに君の最大の使命があるからなのだという。しかし、その君も両翼がなければ飛べず、治世はうまく立ちゆかない。そこに補佐役としての「臣」の存在意義がある。だから鏡臣を「左の羽」に、剣臣を「右の羽」にたとえたわけである。そして、君臣が「心1つに」してこそ初めて適うのだと教えているそうなのである。

剣は、罪を滅ぼすという意味があるが、それでは鏡はどういう意味があるのだろうか。ホツマツタエでは、清らかな生き方を昼間の明るさにたとえて「明《か》」「鈴明《すずか》」といい、行状の悪い生き様を夜の暗闇にたとえて「暗《が》」「鈴暗《すずくら》」というそうなのだが、「八咫の鏡」の鏡は、この「明暗《かが》を見る」ことからきているそうである。

また、「鑑みる」も同じで、「八咫の鏡」によってこの世のありさまを「神が見るように明察する」という意味でもあるそうだ。要するに、「八咫の鏡」は、御神体でもなんでもなく、国民の明暗（清汚）を鑑み、また良民の心を汲み入れ、アメミヲヤノカミのお心に適った治世を行うための表徴、物実であったということなのである。

ちなみに、ファウンデーションの下に塗ってあった下地が毛羽立ったようなものだったということは、剣や鏡の意味が無いところは、治世が整っていないという意味であろうと思われる。下着と赤いTシャツだけ着けて出かけ、人前でファウンデーションを塗るというのも、剣を手に入れる以前の姿は、世の中では整っていない姿になるということかと思う。

今回見た夢で、剣という字を二文字表してくるという剣の強調夢は、恐らく、この鏡の意味合いは世の中に浸透しているのだけれど、罪を滅ぼすことがまだ浸透していない、これからの地球においてはそのことが重要だということなのではないかと思う。
それでは、ホツマツタヱの二十三「御衣定め剣名の紋《みはさだつるぎなもん》」にはなんと書かれてあるのだろうか。「八重垣の剣」を拝したオオクニヌシノミコトは、後にこんな問いを残している。「ひと口に『三種の神宝』というけれども、人を斬る矛を宝だというのはどうしてなのか？」。これは罪人といえどもみだりに斬るのは、それ自体が罪にならないのか？　という問いだと思われる。しかし、「天の矛」とは、「天の理（天成る道）」に逆らった罪人は、自らアメミヲヤノカミの咎めを受ける。君はその代理人として、無辜《むこ》の国民を守るために罪人に懲罰を与えるわけで、「剣」といってもそのもとは、アメミヲヤノカミの制裁なのだということなのだそうだ。

『実在した人間天照大神』（花方隆一郎著）よりそのまま抜き書きすると、

天照大神は後述するように「民衆愛」を力説するのであるが、だからといって理想主義的な平和主義はとらない。無法者たちをみな許し、その悪行を黙認してしまえば、彼らが増長するのは目に見えている。ひいては、彼らがこの世を制覇して、略奪と殺戮をほしいままにする暴君と専制をもたらすに相違ない。それで泣くのは無辜の国民たちだ。だから天照大神は、懲罰はやむを得ない必要悪だと考えるのである。つまり「矛」による懲罰は、「君の世」の維持そのものにあるのではなく、その眼差しは常に「国民の安寧」に注がれていたのである。

ふたつには、「糺《ただ》し明かして　罪を討つ」である。「討つ」のは無法者そのものではなく、無法者が犯した「罪」だというのは、実に近代的な思想といえる。「罪を討つ」ことは、そのまま罪人を討つことに相違ないけれども、あえて罪人を討つことによって、その後の罪人の発生を抑制・防止することができる。そこに「罪を討つ」の本意をおいている。（中略）

「徴《はた》れ禍《ま》」という罪人たちを討つのは、すべての国民に安寧をもたらすためであり、その断固としたあり方（勢い）は、「枯れ木（罪人）」は伐り倒して、「枯れ木」のために生命を脅かされている大切な生木《なまき》（無辜の国民）を生かすためにほかならない。それには、断つべき罪科《つみとが》は腹を決めて断つことが必要で、そうしたからといってだれも恨みごとはいわない。たとえば、枯れ木を切り倒して焚いても、木霊が返すことがないのと同じだということである。

「斬るべき科」は、「罪を討つ」と同じで、犯罪の防止に主眼をおいている天照大神の意図がよくわかる。

ということだ。

以上のことから、これからの地球は、国民の安寧のために罪を討つことが重要になってくると思われる。

シフト後の地球（2）

2002年11月29日未明に見た夢。

私は、どこかの専門学校へ行く。数人だけ呼ばれて、早朝にこっそりと学校へ行くのだ。学校の中の、仕切りから奥の方の教室へ行く。皆、行くべき教室が違う。学校関係者の上の方の立場の人に呼ばれて、行ったように思う。上の立場の人の中に、石原慎太郎がいたような気がするけど、はっきりと思い出せない。

皆、それぞれの教室へ入って行くのだが、私が入るはずの教室は、学園祭の飾りがついていたので、私は入らずに、廊下の奥の方まで行って、しばらく様子を見ることにした。私は「学校のこんな奥の方まで来たことは無かったなあ」と思いながら、廊下の窓を開ける。すると、そこには、山の土手があり、中国風の家屋がひしめき合うようにたくさん立ち並んでいる。私は「ああ、中国の家屋だ。ここは、神戸の裏にある山だ」と思っている。ここに、こっそりと中国人がたくさん住んでいるのだ。ここは、表では全く知られていない場所なのだ。でも、ここに住む中国人たちは、いい人たちばかりだった。何か仕方なく、ここに住んでいる、住まわせてもらっている、という感じだった。

水色に光るチャイナ服を着た中年の男性が、何か喋っていたが、内容は忘れてしまった。ふと、気がつくと、後ろにある椅子にアグネス・チャンが白いドレスを着て座っている。ニコニコしつつ、一生懸命に私に何かを説明していた。彼女は、香港の人なので、先祖は中国人だと思うけど、何か中国をかばっているような感じだった。

私は、この夢を見た日の昼間、家の本棚のところに置いてあった文芸春秋9月号をふと手に取ったら、先日亡くなられた、高円宮様のインタビュー記事があったので、読んでみた。そこには、サッカーW杯のときに韓国に行かれたときのことが書かれてあって、韓国の家屋は軒の先が反り上がっていると書かれてあった。これを読んでハッとしたのだが、私が夢で見た中国の家屋も軒の先が反り上がっていたのである。

実は、22日に見た宇宙からの情報らしき夢（剣　剣の夢）は、前日に高円宮様が亡くなられていなかったら思い出せなかったかもしれないと思っている。思い出せても、夢を見た日の朝に思い出せないと、後からでは印象が薄れて細部までは思い出せないものなので、何かこの情報と高円宮様とがリンクしているようにも思うのだ。日韓共催のサッカーW杯や、初めての日朝首脳会談、皇族として初めて公式に韓国を訪問された高円宮様のご逝去と、何か今年は日本と朝鮮との交流、それも歴史的な交流が多い年だったと思うのだ。

中国朝鮮族という民族もいるように、朝鮮人は中国人の中の1つの民族のようなものなので、中国との繋がりでもあったのかもしれない。なんでも、去年、天皇陛下が「桓武天皇の生母が百済の武寧王の子孫である」と記者会見の席で話されたそうなのだが（そもそも天皇家以外にも、渡来人の血を引いている人は多いのでしょうが）今年これだけ日本と朝鮮との歴史的な交流が多いのは、私の読みでは、今まで地球を支配していた神々が活動する以前の地球に帰ったことを、意味するのではないかという気がする。

そもそも、ホツマツタエは古代文献であり、そうした古代文献に記述されている神々が降臨しているようなのだが、そういう古代の神々が甦る、魂のレベルで生きる時代に帰る、そういう性質を持ったシフトだったのではないかと思うのだ。そうすると、「物凄く美しい女性」で書いたような、地球を司る神様が若い姿で出てきたことにも繋がってくる。また、アグネス・チャンが白いドレスを着ていたのも、例の高い塔にいた人たちを連想させる。

また、北朝鮮拉致被害者の方々の帰国後、北陸地方からノーベル賞受賞者が出て、北欧のノルウェーへ授賞式に出かけられるということがあった。そして、また北陸地方出身の松井選手がアメリカの大リーグへ行くことになった。北欧は夏至祭りのことを、アメリカは「有翼人」で書いたアメリカ大陸のズニ族のことを思い出させる。古代の地球の、日本から世界への交流があったことを表すのではないかと思うのである。

そういえば、先日、世界の超古代文明の本と、日本の超古代文明の本を買った。そうして読んでいたら、体中がスースーして止まらないのだ。今までよりも強いスースー感である。その感覚からして、私は古代は霊的にはもうすっかり復活したのではないかと思った。そして、これからの地球ではそれがどんどん現象化してくるのではないかという気がするのである。

なお、断っておくが、本書中で引用させていただいた本の著者の方々とは私は直接の面識はない。私の方としてはそれぞれの本の内容を役立つ情報として引用させていただいたが、各著者の方々が本書の内容をどのようにご判断されるかはわからない。当然のことだが、各著者の方々は私とは違う考え方をされるかもしれない。読者のみなさんにはそのあたりをご理解いただきたい。

引用させていただいた各著者の方々にご迷惑をかけてはいけないと思い、念のために書かせていただいた。

特別付録　ヒューマノイド型宇宙人の見分け方

この端に沿ってカッターなどで切り開いてご覧ください。

←

私が会った宇宙人たちは、以下のような特徴を持っていた。これを読めばすぐに宇宙人が見分けられるようになるわけではないが、なんらかの参考になればうれしい。

○「あなたを知っているよ」という目をしている。

挨拶は特になく、「私はあなたを知っているし、あなたも私を知っている」という態度で、最初からコンタクトの目的を遂行しようとする。ここ数年は、私がなかなか彼らの存在に気がつかないでいたり、はっきりと確信を持って接しなかったりすると、イライラした態度をとるようにもなっている。

○体の中に太い柱が入っているような感じがする。

一瞬だけど、天から降りている光った太い柱が体の中まで貫いているように見えたことがあった。

○電車の中などで、そばに来て注意を向けるように促してきたり、こちらの思っていることに対して、口に出して返事をしてくる。

コンタクトの初期の頃は、(私の)体が真っ先に感知して、ふと振り向くとうなずく宇宙人がいるという状況が多くあった。

だんだん彼らの存在に慣れてくると、「会いたいなあ」と思うと彼らは会いに来るようになったり、しきりにこちらを気にしている素振りをしたり、こちらが心の中で考えていることに対して反応して口に出してきたりもした。

○周囲の目線を全く気にしない。

白人の宇宙人に会ったときに、心の中で「宇宙人ですか?」と問いかけると、大きな声で返事をしてきたことがあったが、皆が見ていてもニコニコとしてちっとも気にせずに、私が電車を降りるときも声をかけてくれたことがあった。「善よりさらに上の領域がある」とテレパシーで伝えに来た宇宙人も、私の注意を自分に向けさせようと、新聞紙を手でパーン！　と叩くようなことを躊躇することも無くしていた。

痴漢から助けてくれた宇宙人（第一章参照）も、なんの躊躇《ためら》いもなく人を掻き分けて痴漢と私の間に入って知らん顔をしていたり、皆が電車から出て行っても、口に出してお礼を言おうとする私のことを、私の目の前でじーっと立って待ってくれていたりした。

○スッキリ・ハッキリしていて、言動や行動に躊躇や淀みが無い。

言動や行動の後に何も残らないような感じ。こちらを慮《おもんばか》って動くというよりも、自分の中にある良いものに対して正直に動くという感じ。確信を持っている感じ。

○本心と意思表示が一致していて、気に入らなければすぐに行ってしまう。（聖人君子のようではない）

コンタクトの初期の頃は、私が緊張して頭の中で色々な思いが渦巻いてしまって、彼らの伝えようとすることに注意が向けられなかったのだが、そうすると、彼らは待ってくれるとか優しく伝えようとするという態度をとらずに、クルッと背を向けてサッサと行ってしまうようなところがあった。それがいかにも嫌そうに行ってしまうので、なんだか悲しい気持ちがしたものだ。だんだん慣れてくるとこういうことも無くなったが。

○ちょっとやそっとのことでは助けに来たりしないが、非常に困っているときや、真剣に何かを考えているときには援助に来る。

のべつまくなしに、手取り足取りしてくるわけではなく、にっちもさっちもいかなくなったときや、いつまでも1つのことを考え続けているときに援助に来る傾向がある。こちらの強い思いに答えてくれているような気がする。簡単に援助に来たりしないおかげで、私も彼らに変に期待したり依存したりしないで済んでいる。そういうことも考えてくれているのかもしれない。

○目的を持って接触してくるので、宇宙人の伝えたいことがこちらに伝わると、すぐに行ってしまう。

こちらの進化の手助けをすることが彼らの主目的であるらしく、考えても結論が出せずにいることに対してアドバイスをしてくれたり、胸がスースーする波動を出して、その良い波動に同調するように促してきたりする傾向がある。他には体の具合が悪いのを治してくれたりもするのだが、これらの目的が果たされると、電車が次に止まった駅ですぐに降りて行ってしまったりする。

○近くにいて、こちらの波動を変えてしまう

体の各部の波動を変えてくることがある。こちらの波動を整えているような感じを受けた。その後、物事を軽く、また前向きに受け取る傾向が強くなった。進化しやすい状態にしてくれたのかもしれない。

〈著者紹介〉

小泉 美佐子（こいずみ みさこ）

7歳のときに初めてＵＦＯを目撃。18歳からヒューマノイド型宇宙人とコンタクトを始める。その後も様々な宇宙存在や神々と接触。

大学を卒業後、社会人経験を経て結婚。現在、派遣社員として就業中。3人の子供がいる。

1991年より、Nifty Serveに書き込みを始める。2000年にホームページをオープン。

「MY CONTACT STORY」（http://www.saikou-ad.co.jp/misako-k/）

ハンドルネームはいずれも「宇宙猫」として活動。

すぐそこにいる宇宙人

2003年8月15日　初版第1刷発行
2004年4月5日　初版第2刷発行

著　者　小泉 美佐子
発行者　韮澤 潤一郎
発行所　株式会社 たま出版
〒160-0004　東京都新宿区四谷4-28-20
☎ 03-5369-3051（代表）
http://www.tamabook.com
振替　00130-5-94804
印刷所　東洋経済印刷株式会社

ISBN4-8127-0080-9 C0011